Sicherheit durch Prüfbescheinigungen

Dipl.-Ing. (FH) Bernd Baldauf
Dipl.-Wirt.-Ing. (FH) Eric Diehl
Dipl.-Ing. Wolfram Hanke
Dipl.-Ing. (FH) Bernhard Müller
Dipl.-Ing. Björn Nelius
Rechtsanwalt Manuel Schauer

Sicherheit durch Prüfbescheinigungen

Prüfbescheinigungsarten nach DIN EN 10204 sowie deren Inhalt nach DIN EN 10168

1. Auflage 2022

Herausgeber:
DIN Deutsches Institut für Normung e. V.

Beuth Verlag GmbH · Berlin · Wien · Zürich

Herausgeber: DIN Deutsches Institut für Normung e. V.

Berlin · Wien · Zürich
Am DIN-Platz
Burggrafenstraße 6
10787 Berlin

Telefon: +49 30 2601-0
Telefax: +49 30 2601-1260
Internet: www.beuth.de
E-Mail: kundenservice@beuth.de

Satz: Beuth Verlag GmbH, Berlin

Druck: PrintGroup, Szczecin

Gedruckt auf säurefreiem, alterungsbeständigem Papier nach DIN EN ISO 9706

ISBN 978-3-410-30402-9
ISBN (E-Book) 978-3-410-30403-6

Autorenporträt

Dipl.-Ing. (FH) **Bernd Baldauf,** Leiter der Prüflaboratorien der Abnahme bei DILLINGER – AG der Dillinger Hüttenwerke in Dillingen/Saar – ist seit 35 Jahren in verschiedenen Bereichen des Unternehmens tätig. Als Abnahmebeauftragter ist er mittlerweile seit ca. 10 Jahren tätig und in dieser Position unter anderem verantwortlich für die Prüflaboratorien (akkreditiert nach DIN EN ISO/IEC 17025:2018), Fremdabnahmekoordination und die Erstellung der Prüfbescheinigungen.

Dipl.-Wirt.-Ing. (FH) **Eric Diehl** ist seit 15 Jahren bei DILLINGER (AG der Dillinger Hüttenwerke) beschäftigt und dort innerhalb der Abteilung Abnahme als Gruppenleiter ‚Fremdabnahmekoordination und Prüfbescheinigungen' unter anderem verantwortlich für die Zeugniserstellung.

Dipl.-Ing. **Wolfram Hanke** ist als Projektmanager beim SKZ (Süddeutsches Kunststoff-Zentrum) beschäftigt. Seit 2004 ist er unter anderem für die Durchführung von Baumusterprüfungen und Erstprüfungen an Kunststoffrohrsystemen für die Gas- und Trinkwasserinstallation verantwortlich. Im Rahmen seiner Tätigkeit hat er auch zum Thema „Prüfbescheinigungen" Vorträge gehalten.

Dipl.-Ing. (FH) **Bernhard Müller,** früherer Leiter der Prüflaboratorien der Abnahme bei DILLINGER – AG der Dillinger Hüttenwerke in Dillingen/Saar, war dort fast 30 Jahre lang unter anderem verantwortlich für die Erstellung der Prüfbescheinigungen für das Produkt Grobblech. Über viele Jahre hat er zum Thema „Prüfbescheinigungen" Schulungen durchgeführt und Vorträge gehalten, z.B. auf DIN-Tagungen. Im Ruhestand ist er weiterhin als freier Mitarbeiter bei DILLINGER tätig für den Werksbesucherdienst.

Dipl.-Ing. **Björn Nelius** ist seit Beginn seiner beruflichen Laufbahn im Jahr 1989 bei der thyssenkrupp Steel Europe AG tätig. Das Fachhochschulstudium der angewandten Materialtechnik mit dem Schwerpunkt Umformtechnik absolvierte er von 2000 bis 2002 an der Gerhard Mercator Universität Gesamthochschule Duisburg und war danach im betrieblichen Bereich der Warmbandbearbeitung tätig. Im Zeitraum 2008 bis 2021 verantwortete er im Geschäftsbereich Grobblech der thyssenkrupp Steel Europe AG die produktbezogenen Herstellerzulassungen für warmgewalzte Flacherzeugnisse in verschiedenen überwachungspflichtigen Produktbereichen und begann in dieser Zeit auch seine Tätigkeit in verschiedenen Normungsgremien des FES bei DIN. Seither setzt er im Funktionsbereich Innovation der thyssenkrupp Steel Europe AG seine Tätigkeit fort. Er ist Obmann des für DIN EN 10204 zuständigen Arbeitsausschusses NA 062-08-92 AA „Stoffartunabhängige Grundlagen" des DIN-Normenausschusses Materialprüfung (NMP) und auch weiterhin in zahlreichen nationalen und europäischen Normungsgremien tätig.

Manuel Schauer ist seit 1996 als Rechtsanwalt zugelassen. Seit dem Jahr 2000 berät er als Justiziar der saarländischen Stahlindustrie (Dillinger Hütte, Saarstahl) in Fragen des Gesellschaftsrechts, Produktsicherheits- und Produkthaftungsrechts sowie des Vertragsrechts. Er unterrichtet als Lehrbeauftragter an der Universität des Saarlandes und ist als Dozent der DIN-Akademie tätig.

Vorwort

Die zum Zeitpunkt der Veröffentlichung des vorliegenden Buches geltende Ausgabe der DIN EN 10204 vom Januar 2005 beinhaltet gegenüber der vorherigen Ausgabe aus dem Jahr 1995 zahlreiche Änderungen, von denen einige einen tiefgreifenden Einfluss auf die Anwendung der Norm bei der Erstellung von Prüfbescheinigungen haben. Als vielleicht wichtigstes Beispiel für diesen Einfluss auf die tägliche Anwendungspraxis ist die drastische Reduzierung der Arten von Prüfbescheinigungen zu nennen. Insbesondere der Umstand, dass Prüfbescheinigungen auf Grundlage spezifischer Prüfungen fortan immer vom Hersteller bestätigt sein müssen, hat dabei unter anderem auch zum Entfallen des Abnahmeprüfzeugnisses 3.1.A geführt, welches bislang von den amtlichen Überwachungsorganen ohne Herstellerbeteiligung ausgestellt werden konnte. Verständlicherweise hat sich infolgedessen in Teilen des Anwenderkreises eine gewisse Verunsicherung eingestellt, die auch heute, nach über einem Jahrzehnt, nicht gänzlich ausgeräumt werden konnte. Zwar hat es in der Zwischenzeit nicht an ausführlichen Erläuterungen für die Anwender gefehlt, z.B. durch Veröffentlichungen des Beuth Verlags oder DIN-Tagungen und Seminaren zu diesem Thema. Jedoch lässt die große Verbreitung und die hohe Akzeptanz der DIN EN 10204 auch im Bereich der nichtmetallischen Erzeugnisse eine Neuauflage dieses Anwenderleitfadens nicht nur lohnenswert, sondern nachgerade zwingend erscheinen.

So haben die Erfahrungen der letzten Jahre aus vielen Tagungen des DIN mit mehr als tausend Teilnehmern sowie Seminaren der DIN Beuth Akademie zum Thema „Prüfbescheinigungen" deutlich gezeigt, dass nicht nur viele Hersteller nichtmetallischer Erzeugnisse wie z.B. Kunststoffe oder Leder zur Bescheinigung ihrer Prüfergebnisse die DIN EN 10204 nutzen, sondern auch bei Funktionsprüfungen in den Bereichen Elektro-Anwendungstechnik ein lebhaftes Interesse an der Anwendung dieser Norm besteht. Diese Hersteller sehen aktuell keine Alternative zur Anwendung der DIN EN 10204. Desto wichtiger erscheint es vor diesem Hintergrund, ein allgemeines Verständnis der Wirkungsweise der DIN EN 10204 zu entwickeln und die Werkzeuge zu kennen, die für die sachgerechte Anwendung dieser Norm erforderlich sind. Dies umso mehr, als allgemein festzustellen ist, dass aufgrund der zunehmenden Anforderungen an die Produktsicherheit Prüfbescheinigungen im nationalen und internationalen Warenverkehr immer mehr an Bedeutung gewinnen, sowohl für metallische als auch für nichtmetallische Erzeugnisse.

Aus diesem Grund enthält das vorliegende Buch nicht nur einen vollständig neuen Abschnitt über die DIN EN 10168 zu Struktur und möglichen Inhalten von Prüfbescheinigungen, sondern es wurde im Kapitel 3 auch erstmals ein Beitrag zu Erfahrungen mit der DIN EN 10204 in der Kunststoffindustrie ergänzt. Im Anhang des Kommentars sind schließlich sowohl die DIN EN 10204 als auch die DIN EN 10168 im vollen Umfang abgedruckt.

Der vorliegende kleine Leitfaden zur DIN EN 10204 ist damit keineswegs nur als Aktualisierung bestehender Inhalte zu verstehen. Vielmehr soll dieses Buch einen Mehrwert an Information bieten und damit sowohl Neueinsteigern als auch erfahrenen Anwendern noch gezielter als bisher dabei helfen, sich in der anspruchsvollen Thematik der Prüfbescheinigungen zurechtzufinden.

Wir hoffen, Ihnen mit diesem Buch eine unentbehrliche Ergänzung zur Norm und eine wertvolle Hilfe bei deren Anwendung in der Praxis an die Hand gegeben zu haben.

Dillingen/Saar und Duisburg im Dezember 2021

Bernhard Müller und Björn Nelius

Inhaltsverzeichnis

1 Prüfbescheinigungen im Überblick

Björn Nelius

1.1 Bedeutung und zeitliche Entwicklung

Prüfbescheinigungen sind in der heutigen Zeit aus den komplexen Geschäfts- und Wertschöpfungsprozessen der zahlreichen Industriezweige zur Herstellung und Verarbeitung metallischer Erzeugnisse kaum noch wegzudenken. Diese wichtigen auftragsbezogenen Nachweisdokumente kann man sich vereinfacht als Erklärungen der bei der Bestellung festgelegten Eigenschaften von Produkten durch den Hersteller vorstellen.

Dies können Eigenschaften sein, wie sie ein Besteller nach eigenen technischen Erfordernissen und Ermessen mit dem Hersteller vereinbart, aber auch Produkteigenschaften, wie sie beispielsweise in überwachungspflichtigen Bereichen wie dem Bauwesen oder bei der Herstellung von Druckgeräten von den jeweils anzuwendenden technischen Regeln für die Bemessung, Konstruktion und Ausführung verbindlich gefordert werden, um die Sicherheit einer fertigen Konstruktion zu gewährleisten. Dabei ist es aber wichtig, sich klarzumachen, dass Prüfbescheinigungen keine Wareneingangsprüfung ersetzen.

Allgemein bekannte Beispiele für solche in sich geschlossene technische Regelwerke sind der Eurocode 3 für die Auslegung von Konstruktionen im Bauwesen mit den nachgeschalteten Ausführungsnormen der Reihe DIN EN 1090 sowie das AD2000-Regelwerk des TÜV-Verbands e. V. für Druckgeräte (vgl. Bild 1.1).

Diese können sowohl Festlegungen zu regelwerksspezifischen Produktspezifikationen (im Falle des AD2000-Regelwerks beispielsweise in Form von Verweisen auf die VdTÜV-Werkstoffblätter) als auch Verweise auf nationale und internationale Produktnormen enthalten. Solche Regelwerke bilden damit gewissermaßen den Unterbau für die konkreten technischen Anforderungen an den Hersteller in Form von Produktspezifikationen. Einen Sonderfall stellen dabei produktbezogene Zulassungen wie beispielsweise die vom DIBt erteilten allgemeinen bauaufsichtlichen Zulassungen dar. Diese können entsprechend ihrer Inhalte ganz oder teilweise die Funktion einer technischen Regel übernehmen, wobei auch hier Verweise auf bestehende nationale oder internationale Normen nicht unüblich sind. Bild 1.1 verdeutlicht diese Sachverhalte in vereinfachter Weise.

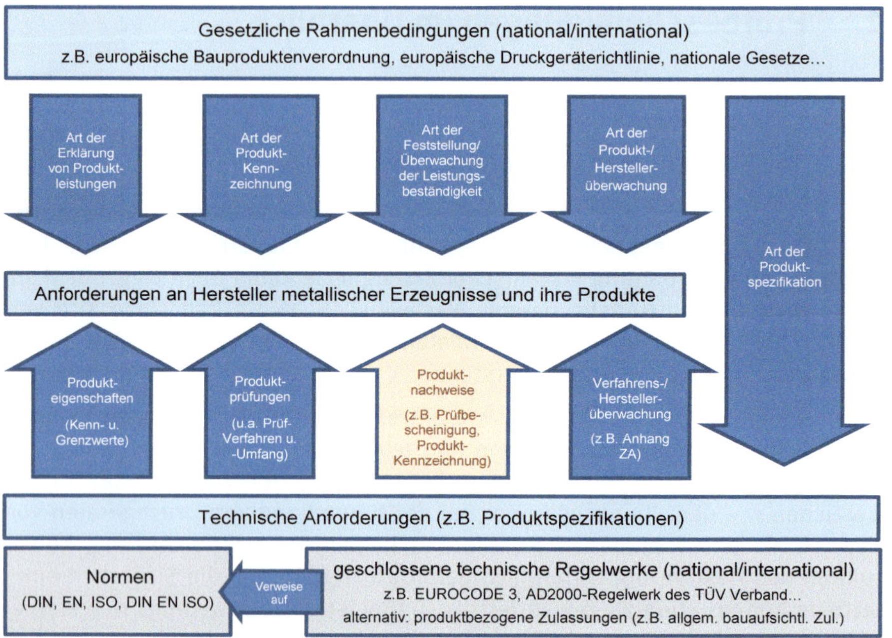

Bild 1.1: Anforderungen an Hersteller metallischer Erzeugnisse beispielhaft für Produkte im Rahmen gesetzlicher Vorgaben (vereinfacht dargestellt)

Welche Gründe die Anforderungen an die Eigenschaften von Erzeugnissen aus metallischen Werkstoffen auch immer haben mögen, ob nun eine rein technische Notwendigkeit vorliegt oder gesetzliche Vorschriften zu beachten sind – kennzeichnend ist, dass die in einer Prüfbescheinigung ausgewiesenen Eigenschaften von Produktmerkmalen im Hinblick auf den späteren Einsatz des Produkts erklärt werden.

Prüfbescheinigungen haben somit nicht nur eine große Bedeutung als Beleg der Übereinstimmung des betreffenden Produkts mit den jeweiligen Bestellvorgaben, sondern sie dienen in der Praxis auch dazu, die Eignung eines Produkts für den beabsichtigten Anwendungs- oder Einsatzzweck sowie insgesamt die Produktsicherheit abzuschätzen.

Damit gewinnen die Inhalte von Prüfbescheinigungen nicht allein rechtliche Relevanz als Begleitdokumentation bei der geschäftlichen Auftragsabwicklung bis hin zur Lieferung der Produkte zum Kunden, sondern sie sind insbesondere bei den weiteren Wertschöpfungsschritten, wie z. B. Konstruktions- und Weiterverarbeitungsprozessen, als technische Dokumentation eine unverzichtbare Informationsquelle.

Es ist daher nachvollziehbar, dass es angesichts der heutigen komplexen technischen Anforderungen, die an ein Produkt gestellt werden können, schwierig und zeitaufwendig wäre, die Konformität mit der Bestellspezifikation sowie die technische Eignung und damit letztlich die Produktsicherheit zu bewerten, wenn jeder Hersteller die Produkteigenschaften nicht nur nach eigenen Methoden ermitteln, sondern Prüfergebnisse und weitere Angaben zu Produktmerkmalen auch noch in vollkommen unterschiedlich aufgebauten Prüfbescheinigungen ausweisen würde.

Daraus erwächst in letzter Konsequenz die Notwendigkeit, verbindlich festzulegen, welche Art von Prüfbescheinigung es für welchen Zweck überhaupt geben soll und welche Angaben zu den Produktmerkmalen darin jeweils enthalten sein müssen. Dabei ist eine möglichst einheitliche Struktur der Inhalte wichtig, sodass man die Produkteigenschaften einfacher bewerten und bei Vorliegen von Prüfbescheinigungen ähnlicher Produkte idealerweise auch miteinander vergleichen kann. Der Weg hierzu führt bei metallischen Erzeugnissen konsequenterweise über die technischen Produktprüfungen als Grundlage der Verwendungsfähigkeit.

Zur Bewältigung dieser Aufgabe fanden sich Anfang der 50er-Jahre des letzten Jahrhunderts Stahlhersteller und -verarbeiter im „Fachnormenausschuss Eisen und Stahl im Deutschen Normenausschuss Materialprüfung“ zusammen, um Arten von Bescheinigungen mit Anforderungen an die Art der darin zu bescheinigenden Prüfergebnisse festzulegen. Als Ergebnis wurde im Dezember 1951 erstmals die DIN 50049 mit dem Titel „Bescheinigungen über Werkstoffe“ veröffentlicht. Diese frühe Ausgabe der Norm nahm kaum eine DIN-A4-Seite in Anspruch, fand jedoch ungeachtet ihrer Einfachheit schnell weltweite Akzeptanz und Anwendung.

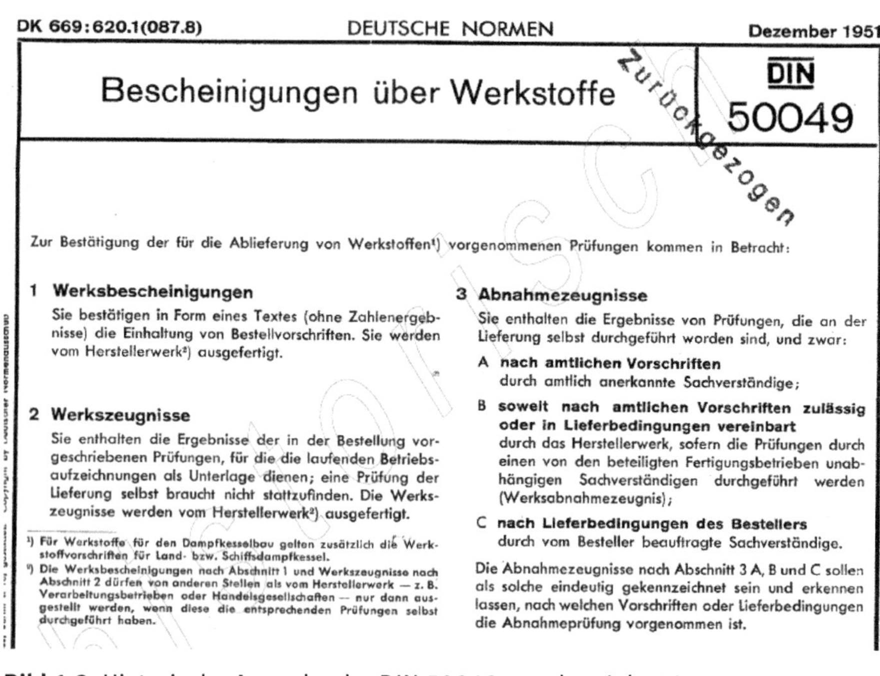

DK 669:620.1(087.8) DEUTSCHE NORMEN Dezember 1951

Bescheinigungen über Werkstoffe

DIN 50049

Zurückgezogen

Zur Bestätigung der für die Ablieferung von Werkstoffen[1]) vorgenommenen Prüfungen kommen in Betracht:

1 Werksbescheinigungen

Sie bestätigen in Form eines Textes (ohne Zahlenergebnisse) die Einhaltung von Bestellvorschriften. Sie werden vom Herstellerwerk[2]) ausgefertigt.

2 Werkszeugnisse

Sie enthalten die Ergebnisse der in der Bestellung vorgeschriebenen Prüfungen, für die die laufenden Betriebsaufzeichnungen als Unterlage dienen; eine Prüfung der Lieferung selbst braucht nicht stattzufinden. Die Werkszeugnisse werden vom Herstellerwerk[2]) ausgefertigt.

[1]) Für Werkstoffe für den Dampfkesselbau gelten zusätzlich die Werkstoffvorschriften für Land- bzw. Schiffsdampfkessel.

[2]) Die Werksbescheinigungen nach Abschnitt 1 und Werkszeugnisse nach Abschnitt 2 dürfen von anderen Stellen als vom Herstellerwerk — z. B. Verarbeitungsbetrieben oder Handelsgesellschaften — nur dann ausgestellt werden, wenn diese die entsprechenden Prüfungen selbst durchgeführt haben.

3 Abnahmezeugnisse

Sie enthalten die Ergebnisse von Prüfungen, die an der Lieferung selbst durchgeführt worden sind, und zwar:

A **nach amtlichen Vorschriften**
durch amtlich anerkannte Sachverständige;

B **soweit nach amtlichen Vorschriften zulässig oder in Lieferbedingungen vereinbart**
durch das Herstellerwerk, sofern die Prüfungen durch einen von den beteiligten Fertigungsbetrieben unabhängigen Sachverständigen durchgeführt werden (Werksabnahmezeugnis);

C **nach Lieferbedingungen des Bestellers**
durch vom Besteller beauftragte Sachverständige.

Die Abnahmezeugnisse nach Abschnitt 3 A, B und C sollen als solche eindeutig gekennzeichnet sein und erkennen lassen, nach welchen Vorschriften oder Lieferbedingungen die Abnahmeprüfung vorgenommen ist.

Bild 1.2: Historische Ausgabe der DIN 50049 aus dem Jahr 1951

Wie in Bild 1.2 ersichtlich, behandelte diese frühe Ausgabe der Norm zwar inhaltlich die Bescheinigung von Prüfergebnissen, der vereinheitlichende Begriff „Prüfbescheinigung" nach heutigem Verständnis war jedoch noch nicht geprägt. Zudem fehlten in der DIN 50049 klare Regelungen zur Art der Prüfungen sowie Verweise auf die Festlegung der inhaltlichen Struktur von Bescheinigungen, wie sie im Zuge des sich entwickelnden europaweit einheitlichen Binnenmarktes erforderlich wurden.

Die DIN 50049 musste deshalb in den Folgejahren nicht nur neu gegliedert, sondern auch deutlich erweitert werden. Dabei konkretisierte sich auch der zuvor noch recht allgemein formulierte Ursprungstitel der Norm von „Bescheinigungen über Werkstoffe" in „Bescheinigungen über Materialprüfungen", womit der eigentliche Zweck der Prüfbescheinigung genannt wurde, die letztlich in der Ausweisung von Prüfergebnissen für die relevanten Produktmerkmale besteht.

Gleichzeitig nahmen auch die Anzahl der in der Norm beschriebenen Prüfbescheinigungen in Abhängigkeit von der Art der zu bescheinigenden Prüfergebnisse sowie die an der Bestätigung der Produkteigenschaften beteiligten Marktteilnehmer und überwachenden Stellen zu.

So fanden sich schließlich in der letzten Fassung der DIN 50049 von August 1986 nicht weniger als 8 verschiedene Arten von Prüfbescheinigungen. Die Verweise auf die von der „Europäischen Gemeinschaft für Kohle und Stahl" herausgegebene EURONORM 21-78 (später die EN 10021), welche die allgemeinen technischen Lieferbedingungen für Stahl und Stahlerzeugnisse festlegte, sowie auf EURONORM 168-86 (die spätere EN 10168) zur inhaltlichen Struktur von Bescheinigungen über Werkstoffprüfungen für Stahlerzeugnisse lieferten dabei die noch benötigten Regelungen zur praktischen Umsetzung von Prüfbescheinigungen.

Zahlreiche Erläuterungen im Anhang der DIN 50049, unter anderem zu Art, Umfang und Bedeutung von Prüfungen sowie zu den an der Ausstellung von Prüfbescheinigungen beteiligten Marktteilnehmern sollten zudem zu einem besseren einheitlichen Verständnis der Norm beitragen. Überaus bemerkenswert dabei ist, dass die Norm nicht nur für metallische Erzeugnisse anwendbar sein sollte, sondern auch für andere Werkstoffe. Diese richtungsweisende, jedoch nicht als vorbehaltlose Erlaubnis zu verstehende Öffnung der DIN 50049 ermöglicht es seither, auch für nichtmetallische Produkte Prüfbescheinigungen nach dieser Norm auszustellen, sofern branchenspezifische vergleichbare Regeln zu Lieferbedingungen oder der inhaltlichen Gliederung von Prüfbescheinigungen in Bezug genommen werden können.

Nachfolgenorm der DIN 50049 wurde schließlich im Jahr 1991 die vom Europäischen Komitee für Eisen- und Stahlnormung (ECISS) ausgearbeitete EN 10204, die in der deutschen Fassung allerdings bis zur nächsten Ausgabe von April 1992 weiterhin unter der Normnummer DIN 50049 geführt wurde. Der Grund hierfür ist in der bis zu diesem Zeitpunkt schon sehr weiten Verbreitung der DIN 50049 zu suchen, die bereits in zahlreichen technischen Regelwerken zitiert war.

Bei der endgültigen Überführung der DIN 50049 in die DIN EN 10204 erfuhr der Titel der Norm seine bisher letzte Änderung. Bis heute lautet er „Metallische Erzeugnisse – Arten von Prüfbescheinigungen". Dieser Titel grenzte erstmals sowohl den Produktbereich ab, für den diese Norm ursprünglich konzipiert worden war, deutete durch die Formulierung „Arten von Prüfbescheinigungen" aber gleichzeitig an, dass die explizite Festlegung von Lieferbedingungen für Produkte oder konkreter Inhalte von Prüfbescheinigungen nicht in den Geltungsbereich dieser Norm fällt. Als wichtige Weiterentwicklung in der EN 10204 kann in diesem Zusammenhang die Übernahme der Begrifflichkeiten „nichtspezifische Prüfung" und „spezifische Prüfung" aus dem bisherigen Anhang in den normativen Text sowie deren feste Verknüpfung mit den beschriebenen Arten von Prüfbescheinigungen angesehen werden. Da diese beiden Begriffe in der DIN EN 10021 (und folglich auch in den meisten Produktnormen für metallische Erzeugnisse) eine tragende Rolle bei der Erklärung der Produkteigenschaften durch den Hersteller spielen, stellt insbesondere diese Änderung zugleich eine wertvolle Hilfestellung für die Anwendung der Norm dar.

Resultierend aus der engen Verzahnung der Vorgängernorm mit den technischen Regelwerken wies natürlich auch die EN 10204 bis zur Ausgabe aus dem Jahr 1995 im Grundsatz noch die gleichen Arten von Prüfbescheinigungen auf wie die letzte Ausgabe der DIN 50049 aus dem Jahr 1986. Die Anzahl von Prüfbescheinigungen verringerte sich aber mit Neuausgabe der EN 10204 als eine in Teilen harmonisierte europäische Norm im Jahr 2004. Diese Vereinfachung ist unter anderem der Einsicht zu verdanken, dass allein der Hersteller für die Eigenschaften des von ihm erzeugten Produkts verantwortlich ist und deshalb insbesondere im Fall der spezifischen Prüfung auch die Produktmerkmale in der Prüfbescheinigung zu erklären bzw. zu bestätigen hat. Damit entfielen konsequenterweise diejenigen Arten von Prüfbescheinigungen, die bis dahin in besonderen Fällen ohne eine Bestätigung durch den Hersteller ausgestellt werden konnten (wie z. B. das Abnahmeprüfzeugnis 3.1C).

Im Januar 2005 in der deutschen Fassung als DIN EN 10204 veröffentlicht, beinhaltet die Norm von nun an lediglich noch 4 Arten von Prüfbescheinigungen. Neu in dieser Ausgabe der Norm ist auch das Fehlen jeglicher Verweise auf die DIN EN 10021, was die Möglichkeit der Anwendung anderer Lieferbedingungen ermöglicht. Damit wird die Verwendung der DIN EN 10204 für andere als metallische Erzeugnisse weiter erleichtert. Bezüglich der möglichen Gliederung der Inhalte von Prüfbescheinigungen verweist die DIN EN 10204 dagegen beispielhaft für Stahlerzeugnisse auf die Möglichkeit der Nutzung von EN 10168. Durch den Anhang ZA besteht fortan zudem die Konformitätsvermutung der genormten Arten von Prüfbescheinigungen speziell mit den Festlegungen der europäischen Druckgeräterichtlinie, und zwar in Bezug auf die dort genannten Kategorien von Druckgeräten.

In dieser Form bildet die EN 10204 (bzw. die in Deutschland veröffentlichte DIN EN 10204) gegenwärtig eine europaweit anerkannte Grundlage für die Ausstellung von Prüfbescheinigungen und ist damit nicht nur für die Stahlindustrie von außerordentlich hoher Bedeutung. Die der Anwendung von DIN EN 10204 zur Erstellung von Prüfbescheinigungen zugrunde liegende Systematik soll daher im nachfolgenden Abschnitt exemplarisch für metallische Erzeugnisse näher betrachtet werden – sie kann jedoch auch auf andere Werkstoffbranchen angewendet werden, sofern dort vergleichbare Regelungen für die Lieferbedingungen und die Angaben in Prüfbescheinigungen existieren.

Eine Zusammenstellung häufig gestellter Fragen und entsprechende Antworten zu den wichtigsten Begrifflichkeiten finden sich am Ende des vorliegenden Leitfadens im Abschnitt 6 – dies soll den Anwendern der Norm eine zusätzliche Hilfestellung bieten.

HINWEIS 1

Die EN 10204:2004 diente auch als Vorbild für die internationale Norm ISO 10474, die mit der Ausgabe vom Juli 2013 in ihren wesentlichen Inhalten nunmehr fast wortgleich mit der EN 10204:2004 übereinstimmt.

1.2 Grundsätze der Anwendung von DIN EN 10204

Wie das Bild 1.1 des vorangegangenen Kapitels veranschaulicht, erwächst die Notwendigkeit einer Prüfbescheinigung im Allgemeinen aus dem technischen Regelwerk, welches für die Herstellung und Anwendung eines Erzeugnisses relevant ist, und wird damit auch zwangsläufig zum Teil der Lieferbedingungen für dieses Erzeugnis. Die Lieferbedingungen können dann branchenspezifisch für bestimmte Produktgruppen in einer Norm einheitlich festgelegt sein. Stahlerzeugnisse beispielsweise werden mit Ausnahme von Guss- und pulvermetallurgischen Erzeugnissen nach den Vorgaben der DIN EN 10021 „Allgemeine technische Lieferbedingungen für Stahlerzeugnisse“ bestellt. Ein Teil der Bestellangaben kann gemäß der EN 10021 deshalb auch die Festlegung der vom Hersteller auszustellenden Art der Prüfbescheinigung sein.

HINWEIS 2

Grundsätzlich obliegt es dem Besteller, dem Hersteller, die für den jeweiligen Einsatzzweck des Produkts erforderliche Art der Prüfbescheinigung nach DIN EN 10204 anzuzeigen, weil Prüfbescheinigungen prinzipiell nur eine optionale Anforderung sind – dies ist auch in der EN 10021 im Grundsatz so festgelegt. Da dem Hersteller darüber hinaus jedoch auch eine beratende Funktion eingeräumt wird, sollte der Hersteller bei der Bestellung nicht nur über die in der Prüfbescheinigung auszuweisenden Produktmerkmale und Prüfungen informiert werden, sondern auch über den vorgesehenen Einsatzzweck (sofern dieser nicht aus der Bestellspezifikation selbst oder z. B. einer genormten Materialbezeichnung eindeutig ersichtlich bzw. abzuleiten ist).

Diese Bringschuld des Bestellers mag zwar immer wieder Gegenstand von Diskussionen sein, zieht ihre rein sachliche Rechtfertigung aber aus dem Umstand, dass bestimmte Produkte, wie z.B. Stahlhalbzeuge, in der Praxis zumeist über den Handel auf dem Markt bereitgestellt werden, sodass ein Stahlhersteller nur in seltenen Fällen über den tatsächlichen Endanwendungszweck des jeweiligen metallischen Erzeugnisses informiert ist (dies wäre beispielsweise bei Groß- oder Reparaturprojekten der Fall, bei denen Nachbestellungen im Einzelfall eindeutige Rückschlüsse auf die Verwendung des Halbzeugs zulassen). Der tiefere Sinn liegt also darin, dass es dem Hersteller generell ermöglicht werden muss, mithilfe der bei der Bestellung bereitgestellten Informationen die technische Machbarkeit zu beurteilen und ggf. die Prozessschritte in seinem Herstellungsverfahren so anzupassen, dass die für die spätere Verwendung der Erzeugnisse benötigten Eigenschaften auch tatsächlich erreicht werden.

Üblicherweise geben die zu beachtenden technischen Regelwerke Auskunft über die für das betreffende Produkt vorgesehenen bzw. vorgeschriebenen Arten von Prüfbescheinigungen nach DIN EN 10204, und Produktnormen regeln die Produktmerkmale, für die Prüfergebnisse in der Prüfbescheinigung auszuweisen sind, sowie die Prüfverfahren, nach denen die Prüfergebnisse ermittelt werden (vgl. hierzu nochmals Bild 1.1). Damit entfällt insbesondere bei genormten Vorprodukten wie z.B. Stahlhalbzeugen die Notwendigkeit, alle Produktmerkmale bei der Bestellung einzeln zu beschreiben. Gleichzeitig wird sichergestellt, dass alle für die sichere Auslegung und Ausführung einer Konstruktion erforderlichen Angaben über die Produkteigenschaften in der Prüfbescheinigung vorhanden sind.

Doch auch für Prüfbescheinigungen, deren Inhalte abseits normativer oder gesetzlicher Regelungen bei der Bestellung vereinbart werden (z.B. bei Vorliegen eines kundenspezifischen Datenblatts für einen Stahlwerkstoff oder im Falle der Anwendung von Regelwerken unabhängiger Klassifikationsgesellschaften im Schiffbau), kann die EN 10204 als anerkannte europäische Norm prinzipiell Anwendung finden, sofern die betreffende technische Regel dies nicht ausdrücklich zugunsten anderer Nachweisdokumente ausschließt. So weit zur Theorie.

Damit dieses System der Prüfbescheinigungen auch in der Praxis, insbesondere im Hinblick auf den europäischen Binnenmarkt, funktionieren kann, ist es wichtig, dass die Inhalte von Prüfbescheinigungen allgemein und länderübergreifend in gleicher Weise verstanden und interpretiert werden. Das bedeutet, dass die Inhalte von Prüfbescheinigungen nach einem in der jeweiligen Branche möglichst allgemein akzeptierten, einheitlichen Schema zu gliedern sind. Für Stahlerzeugnisse liefert hierbei die EN 10168 die benötigten Vorgaben.

Anschaulich können diese Zusammenhänge in Bild 1.3 zusammengefasst werden. Dabei tritt der versteckte modulare Aufbau der für die Ausstellung von Prüfbescheinigungen benötigten Regeln, die den Kern für die Anwendung der EN 10204 bilden, offen zutage. Es sei jedoch daran erinnert, dass dies in der vorliegenden Form ausschließlich für Stahlerzeugnisse gilt – für andere Werkstoffbranchen wäre die jeweils angegebene Norm für Lieferbedingungen, Produktanforderungen und die Beschreibung der Angaben in den Prüfbescheinigungen entsprechend gegen eine branchentypische vergleichbare Regelung auszutauschen, um die EN 10204 in gleicher Weise anwenden zu können.

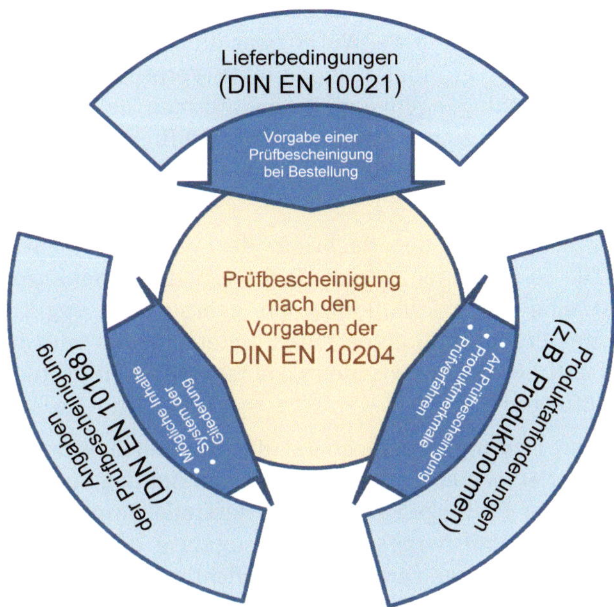

Bild 1.3: Voraussetzungen für die Anwendung von DIN EN 10204 am Beispiel von Stahlerzeugnissen

Aus Bild 1.3 lässt sich ableiten, dass die bereits in vorangegangenen Kapitel 1.1 erwähnte Verwendbarkeit der EN 10204 auch für nichtmetallische Werkstoffe nur dann praktisch umsetzbar ist, wenn die DIN EN 10204 im Prinzip unabhängig von den 3 Modulen „Lieferbedingungen", „Produktanforderungen" und „Angaben der Prüfbescheinigung" bleibt. Das bedeutet: Es darf keine normativen (also anwendungsverpflichtenden) Verweise aus der DIN EN 10204 heraus auf die genannten Module geben. Umgekehrt ist es aber ebenfalls essenziell für das Funktionieren dieses Systems, dass die Punkte, die in Bild 1.3. in den dunkelblauen Pfeilen aufgeführt sind und die für die Ausstellung von Prüfbescheinigungen nach DIN EN 10204 allesamt benötigt werden, ausdrücklich nicht in der DIN EN 10204 geregelt werden, sondern im jeweils zugehörigen Modul. Anderenfalls wären Kollisionen und Inkonsistenzen der DIN EN 10204 mit den Regelungen der 3 Module zumindest für einzelne Werkstoffbranchen langfristig durch die fortschreitende Anpassung von normativen Regelungen an den Stand der Technik unvermeidlich.

In der aktuellen Version DIN EN 10204:2005 ist diese Unabhängigkeit und Universalität dadurch gewährleistet, dass in der Norm zwar die Arten von Prüfbescheinigungen festlegt werden, es aber keine direkte Verpflichtung zur Anwendung bestimmter Lieferbedingungen und Produktnormen in ihr gibt. Selbst der Verweis auf die EN 10168 zu den Angaben in der Prüfbescheinigung ist nur als Beispiel zu verstehen, kann also ebenfalls durch eine gleichwertige Regelung ersetzt werden.

Zweck aller Prüfbescheinigungen ist der Nachweis der vertragsgemäßen Erfüllung von Aufträgen. Um zu verstehen, wie die DIN EN 10204 dabei anzuwenden ist, ist zunächst eine kurze Erläuterung der gebrauchten Begrifflichkeiten zur Einteilung der Produktprüfungen nötig. Unterschieden wird in Übereinstimmung mit der DIN EN 10021 zwischen „nichtspezifischen Prüfungen" und „spezifischen Prüfungen":

- Bei den nichtspezifischen Prüfungen entscheidet der Hersteller, welches Prüfverfahren ihm geeignet erscheint, und er legt auch den Umfang der Prüfungen fest. Auf Basis dieser Prüfungen erklärt der Hersteller in der Prüfbescheinigung, dass die von ihm hergestellten Erzeugnisse den bei der Bestellung festgelegten Anforderungen entsprechen. Wichtig dabei: Bei den geprüften Erzeugnissen kann es sich um beliebige Erzeugnisse aus seiner Fertigung handeln – sie müssen also nicht notwendigerweise aus der Lieferung selbst stammen.

- Spezifische Prüfungen hingegen sind Prüfungen, die vor der Lieferung nach den in der Bestellung festgelegten technischen Bedingungen an den zu liefernden Erzeugnissen durchgeführt werden (Anmerkung: Sind die zu liefernden Erzeugnisse Teil einer Prüfeinheit, so sind diejenigen Erzeugnisse zu prüfen, die nach den Vorgaben der jeweiligen Produktspezifikation die Prüfeinheit repräsentieren). Das bedeutet, dass hier weder Prüfverfahren noch der Prüfumfang frei vom Hersteller wählbar sind. Auch hier wird vom Hersteller in der Prüfbescheinigung erklärt, dass die Erzeugnisse die in der Bestellung festgelegten Anforderungen erfüllen.

Die verschiedenen Arten von Prüfbescheinigungen in der DIN EN 10204 ergeben sich aus der Art der Prüfung sowie dem Grad der (organisatorischen) Unabhängigkeit des für die Prüfung, Ausstellung der Prüfbescheinigung sowie deren Bestätigung verantwortlichen Personals von den Fertigungsstätten des Herstellers. Hierzu unterscheidet man die folgenden Arten von Prüfbescheinigungen:

- Werksbescheinigungen 2.1 und Werkszeugnisse 2.2 – beide Prüfbescheinigungen werden auf der Grundlage nichtspezifischer Prüfung ausgestellt.
- Abnahmeprüfzeugnisse 3.1 und 3.2 – diese Prüfbescheinigungen basieren durchweg auf der spezifischen Prüfung.

Prüfbescheinigungen der Arten 2.1 sowie 2.2 dürfen vom Hersteller in eigener Verantwortung ausgestellt werden. Wichtig zu wissen: Für die Prüfungen und auch für die Ausstellung der Prüfbescheinigungen darf der Hersteller Personal beauftragen, welches organisatorisch dem Fertigungsbereich angehört. Weder die Werksbescheinigung noch das Werkszeugnis müssen hierbei tatsächlich durch Personen bestätigt werden – es reicht bei der Ausstellung der Prüfbescheinigung die Nennung des Herstellers.

Bei den Prüfbescheinigungen der Arten 3.1 und 3.2 ist das grundlegend anders. Die Inhalte dieser Prüfbescheinigungen müssen zwingend durch reale Personen bestätigt werden und diese müssen vom Fertigungsbereich des Herstellers unabhängig sein. Man unterscheidet hierbei die folgenden beiden Personenkreise:

- Den sogenannten Abnahmebeauftragten des Herstellers, also diejenige Person, die vom Hersteller beauftragt wurde, in seinem Namen die Prüfbescheinigungen zu bestätigen. Auch wenn in der DIN EN 10204 außer über seine Unabhängigkeit vom Fertigungsbereich des Herstellers nichts Näheres über den Abnahmebeauftragten ausgesagt wird, so sollte dieser doch kraft seiner Position in der Organisation des Herstellers in der Lage sein, auf die Prüfergebnisse zuzugreifen und diese vermöge seiner Fachkenntnisse im Hinblick auf die Erfüllung der Bestellanforderungen auch beurteilen zu können.
- Den herstellerunabhängigen Abnahmebeauftragten, der entweder im Auftrag des Bestellers Prüfbescheinigungen bestätigt oder auf Grundlage amtlicher Vorschriften zur Bestätigung von Prüfbescheinigungen benannt ist. Auch hier macht die DIN EN 10204 keine weiterführenden Festlegungen, es ist aber unmittelbar einsichtig, dass dieser Typus des Abnahmebeauftragten, um ohne Interessenkonflikte agieren zu können, nicht gleichzeitig der Organisation des Herstellers angehören darf. Daher handelt es sich hier in der Regel um Vertreter anerkannter Überwachungsgesellschaften oder aber benannter Stellen.

Die Abnahmebeauftragten sind in folgender Weise an der Bestätigung von Abnahmeprüfzeugnissen 3.1 bzw. 3.2 beteiligt:

- Ein Abnahmeprüfzeugnis 3.1 bestätigt nur der Abnahmebeauftragte des Herstellers.
- Ein Abnahmeprüfzeugnis 3.2 hingegen wird sowohl vom Abnahmebeauftragten des Herstellers als auch vom Abnahmebeauftragten des Bestellers (oder vom gemäß amtlichen Vorschriften zu bestellenden Abnahmebeauftragten) bestätigt.

Eine Übersicht der aktuell in DIN EN 10204 beschriebenen Prüfbescheinigungen zeigt die nachfolgende Tabelle 1.1.

Tabelle 1.1: Bezeichnung der Prüfbescheinigungen nach DIN EN 10204:2005-01

Bezeichnung der Prüfbescheinigung		**Inhalt der Bescheinigung**	**Bestätigung der Bescheinigung durch**
Art	**Normbezeichnung**		
2.1	Werksbescheinigung	Bestätigung der Übereinstimmung mit der Bestellung	den Hersteller
2.2	Werkszeugnis	Bestätigung der Übereinstimmung mit der Bestellung unter Angabe von Ergebnissen nichtspezifischer Prüfung	
3.1	Abnahmeprüfzeugnis 3.1	Bestätigung der Übereinstimmung mit der Bestellung unter Angabe von Ergebnissen spezifischer Prüfung	den von der Fertigungsabteilung unabhängigen Abnahmebeauftragten des Herstellers
3.2	Abnahmeprüfzeugnis 3.2	Bestätigung der Übereinstimmung mit der Bestellung unter Angabe von Ergebnissen spezifischer Prüfung	den von der Fertigungsabteilung unabhängigen Abnahmebeauftragten des Herstellers und den vom Besteller beauftragten Abnahmebeauftragten oder den in den amtlichen Vorschriften genannten Abnahmebeauftragten

Ist anhand dieser Einteilungen die für den jeweiligen Zweck benötigte Art der Prüfbescheinigung ausgewählt, so sind weitere Aspekte bei Anwendung der DIN EN 10204:2005-01 zu beachten. In Erinnerung an die bereits im vorangegangenen Kapitel angesprochene alleinige Verantwortlichkeit des Herstellers für die Eigenschaften eines Produkts (die somit in logischer Konsequenz auch die Inhalte einer Prüfbescheinigung umfasst) ergibt sich, dass Prüfbescheinigungen bei Weitergabe an Dritte, z.B. durch einen Händler an den Endkunden, unverändert bleiben müssen.

Die einzige Ausnahme von dieser Regelung, ist die Anpassung von Liefermaßen und -Mengen in einer Prüfbescheinigung, nämlich dann (und auch nur dann), wenn lediglich Teile der ursprünglich mit der Prüfbescheinigung vom Hersteller gelieferten Produkte an den Endkunden weiterverkauft werden.

Prüfbescheinigungen sind also prinzipiell entweder im Original oder als Kopie ohne Änderung weiterzugeben, wobei hier sowohl die Papierform als auch die elektronische Weitergabe zulässig sind – insbesondere die elektronische Bereitstellung gewinnt dabei naturgemäß im Rahmen der papierlosen Dokumentation z.B. in der Automobilindustrie zunehmend an Bedeutung.

HINWEIS 3

Solange das vom Hersteller gelieferte Produkt innerhalb der Lieferkette in seinen wesentlichen Produkteigenschaften (mit Ausnahme eben der Liefermenge) unverändert bleibt, reicht die Weitergabe der Prüfbescheinigung des Herstellers zum Nachweis der Produkteigenschaften aus. Werden hingegen von einem Verarbeiter nachträglich Verarbeitungsschritte durchgeführt, die zu veränderten Produkteigenschaften führen, so müssen diese veränderten Eigenschaften auch durch entsprechende Prüfungen ermittelt und vom Verarbeiter in einer zusätzlichen Bescheinigung erklärt werden – der Verarbeiter wird folglich selbst zum Hersteller des geänderten Produkts.

Die korrekte Wahrnehmung dieser Verschiebung von Herstellerverantwortlichkeiten innerhalb der Lieferkette bei Änderung von Produkteigenschaften ist deshalb von zentraler Bedeutung. Dies gilt insbesondere dann, wenn gesetzliche Regelungen bestimmte Arten von Produktkennzeichnungen erfordern (wie z.B. die CE-Kennzeichnung für Bauprodukte im Geltungsbereich der europäischen Bauproduktenverordnung, die auf Grundlage der Erklärung von Produkteigenschaften durch den Hersteller des Bauprodukts zu erfolgen hat).

Weitere Voraussetzungen speziell für die Erstellung von Prüfbescheinigungen auf Grundlage spezifischer Prüfung sind die erforderliche Qualifikation sowie die Unvoreingenommenheit bei der Ermittlung, Bewertung und Bestätigung der zu den jeweiligen Produktmerkmalen gehörenden Prüfergebnisse, die in einer Prüfbescheinigung auszuweisen sind.

Praktisch folgt daraus, dass das für die spezifischen Prüfungen und die entsprechenden Prüfbescheinigungen zuständige Personal sowie der Abnahmebeauftragte (ungeachtet dessen, ob er nun vom Hersteller, dem Besteller oder mittels einer amtlichen Vorschrift bestellt wurde) unabhängig vom Fertigungsbereich des Herstellers sein muss.

Verglichen mit den Inhalten der Vorgängernorm DIN EN 10204:1995-08 hat die Umsetzung der oben beschriebenen Anwendungsgrundsätze deshalb zu tiefgreifenden Änderungen der DIN EN 10204:2005-01 geführt. Bestand nach DIN EN 10204:1995-08 beispielsweise noch die Möglichkeit, als Händler einen unabhängigen Sachverständigen nachträglich mit Werkstoffabnahmen und der Bestätigung von Prüfbescheinigungen zu beauftragen, so ist dies nach der aktuellen Fassung der DIN EN 10204:2005-01 ebenso wenig vorgesehen wie die Ausstellung von Prüfbescheinigungen auf Basis spezifischer Prüfung in der alleinigen Verantwortung des Herstellers (d.h. ohne Bestätigung durch einen von der Fertigungsabteilung des Herstellers unabhängigen Abnahmebeauftragten).

Die Ausstellung von Prüfbescheinigungen, wie z.B. dem früheren Abnahmeprüfzeugnis 3.1C auf Basis bereits vom Hersteller ausgestellter Prüfbescheinigungen wie dem Werkszeugnis 2.2 oder des früheren Abnahmeprüfzeugnisses 3.1B ist damit also nicht mehr möglich, weil es diese Prüfbescheinigungen in der DIN EN 10204:2005-01 nicht mehr gibt. Stattdessen kommt in derartigen Fällen nur noch die Verwendung des Abnahmeprüfzeugnisses 3.2 unter Beteiligung des Herstellers in Betracht. Tabelle 1.2 gibt einen Überblick über die Arten von Prüfbescheinigungen, die in DIN EN 10204:2005-01 nicht mehr aufgeführt sind.

Tabelle 1.2: Entfallene Prüfbescheinigungen aus DIN EN 10204:1995-08 auf Grundlage spezifischer Prüfung

Bezeichnung der Prüfbescheinigung		**Liefer-bedingungen**	**Bestätigung der Bescheinigung durch**
Norm-Bez.	**Bescheinigung**		
2.3	Werksprüf-zeugnis	Nach den Liefer-bedingungen der Bestellung oder, falls verlangt, auch nach amt-lichen Vor-schriften und den zugehörigen tech-nischen Regeln	den Hersteller
3.1A	Abnahmeprüf-zeugnis 3.1A	Nach amtlichen Vorschriften und den zugehörigen technischen Regeln	den in den amtlichen Vorschriften genannten Sachverständigen
3.1B	Abnahmeprüf-zeugnis 3.1B	Nach den Liefer-bedingungen der Bestellung oder, falls verlangt, auch nach amt-lichen Vor-schriften und den zugehörigen tech-nischen Regeln	den vom Hersteller beauftragten, von der Fertigungsabteilung unabhängigen Sachver-ständigen (Werksach-verständigen)
3.1C	Abnahmeprüf-zeugnis 3.1C	Nach den Liefer-bedingungen der Bestellung	den vom Besteller beauftragten Sachver-ständigen
3.2	Abnahmeprüf-protokoll 3.2	Nach den Liefer-bedingungen der Bestellung	den vom Hersteller beauftragten, der Fertigungsabteilung unabhängigen Sachver-ständigen und den vom Besteller beauftragten Sachverständigen

Betrachtet man die beiden Tabellen 1.1 und 1.2 allerdings etwas genauer, so stellt man fest, dass eigentlich nur das Werksprüfzeugnis 2.3 tatsächlich ersatzlos entfallen ist. Die Abnahmeprüfzeugnisse 3.1 A und 3.1C wurden hingegen nicht gänzlich gestrichen, sondern sind zusammen mit dem früheren Abnahmeprüfprotokoll 3.2 in das Abnahmeprüfzeugnis 3.2 eingeflossen. Der einzige Unterschied besteht darin, dass diese Prüfbescheinigungen jeweils auch vom Abnahmebeauftragten des Herstellers zu bestätigen sind. Auch das frühere Abnahmeprüfzeugnis 3.1B nach DIN EN 10204:1995-08 wurde nicht gestrichen, sondern mit Neuausgabe der Norm in das Abnahmeprüfzeugnis 3.1 überführt.

Die bisher beschriebenen Festlegungen zur Anwendung der DIN EN 10204: 2005-01 gestalten das System zur Erstellung von Prüfbescheinigungen damit schlank, übersichtlich und transparent. Indem letztendlich dem Hersteller exklusiv die Verantwortlichkeit für die Erstellung der Prüfbescheinigung zugestanden wird, kann sich der Besteller bei korrekter Anwendung der DIN EN 10204 darauf verlassen, dass die Bestellvorgaben eingehalten werden, denn Änderungen von Abnahmeprüfzeugnissen durch Dritte, ohne Rücksprache mit dem Hersteller, sind nicht mehr ohne Weiteres möglich. In Sinne der Produktsicherheit ist dies ein wichtiger und folgerichtiger Schritt, denn nur der Hersteller kennt seine Fertigungsprozesse sowie die Eigenschaften seiner Produkte im Detail und kann daher die Eignung seines Produkts im Rahmen der Bestellvorgaben sicher einschätzen.

Um diesen wichtigen Grundgedanken bei der Anwendung der DIN EN 10204:2005-01 verbindlich zu verankern, sind die Begrifflichkeiten „Hersteller“ und „Händler“ durch entsprechende Definitionen im normativen Text der DIN EN 10204:2005-01 festgelegt worden. Diese beiden Festlegungen dienen als ein grundsätzliches Unterscheidungsmerkmal in Bezug auf die Verantwortlichkeit für den Herstellungsprozess und die Eigenschaften eines Produkts.

Nach diesen Definitionen kann also beispielsweise ein Verarbeiter, welcher den Produkttyp und die in der Bestellung vereinbarten Produkteigenschaften nicht verändert, durchaus zur Kategorie „Händler“ im Sinne der Festlegung der DIN EN 10204 gezählt werden, obwohl man ihn aufgrund seiner technischen Ausstattung eher in der Rolle eines Herstellers sehen könnte (ein mögliches Beispiel hierfür wären Schneidanlagen für die endkundengerechte Aufteilung gewalzter Bleche). Als Hersteller ist im Sinne dieser Definitionen also nur ein Unternehmen zu bezeichnen, welches ein Produkt auch tatsächlich herstellt, indem es die produkt-/eigenschaftsbestimmenden Fertigungsschritte vornimmt. Nur vom Hersteller dürfen deshalb Prüfbescheinigungen als Teil der vertragsrechtlich verbindlichen Aussagen ausgestellt werden.

Nach welchen Kriterien erfolgt nun die Auswahl der Prüfbescheinigung? Hinsichtlich der Vorgabe bzw. der Auswahl der Arten von Prüfbescheinigungen bei der Bestellung gelten zusammenfassend die folgenden Grundsätze:

- Die Festlegung der Art der Prüfbescheinigung und der erforderlichen Prüfungen obliegt prinzipiell dem Kunden.
- Dabei bieten Lieferbedingungen und Produktspezifikationen (z.B. Normen oder Kundenvorschriften) lediglich eine Orientierung für die Auswahl der Prüfungen und legen fest, welcher Art (spezifisch/nichtspezifisch) die Prüfungen sein müssen, die in der Prüfbescheinigung auszuweisen sind. Lieferbedingungen und Produktspezifikationen enthalten jedoch in der Regel keinerlei konkrete Vorgaben zur Art der Prüfbescheinigung (d.h. 2.1, 2.2, 3.1, oder 3.2).
- Konkrete Vorgaben über die Art der vom Hersteller auszustellenden Prüfbescheinigung sind ausschließlich für überwachungspflichtige Anwendungsbereiche auf Basis der zu befolgenden Gesetze oder Verordnungen in den dafür anzuwendenden technischen Regelwerken enthalten. Einen Spezialfall bilden dabei europäische harmonisierte Normen mit Anhang ZA, die entweder als Produktnorm mit Bezug auf die EU-Rechtsetzung in überwachungspflichtigen Produktbereichen anzuwenden sind oder die sich ohne direkten Produktbezug auf die zugrunde liegenden gesetzlichen Regelungen beziehen, um dann im zweiten Schritt in einer Produktnorm referenziert zu werden. In solchen Normen können Vorgaben für Arten von Prüfbescheinigungen zum gesetzlich geforderten Nachweis der Konformität mit den Anforderungen enthalten sein (Beispiele hierfür sind sowohl die DIN EN 10025-1:2004-02 für warmgewalzte Erzeugnisse aus Baustählen als auch die DIN EN 10204:2005-01 selbst).

Dazu nachfolgend exemplarisch einige Beispiele für überwachungspflichtige Bereiche nach deutschem und europäischem Recht. Ein überwachungspflichtiger Bereich nach deutschem Recht ist der Druckbehälterbau. In Umsetzung der europäischen Druckgeräterichtlinie findet hier unter anderem das AD2000-Regelwerk Anwendung, das beispielsweise für die zu verwendenden Werkstoffe im AD 2000-Merkblatt W 1 festlegt, welcher Werkstoff mit welcher Prüfbescheinigung zu liefern ist (siehe Bild 1.4).

Technische Lieferbedingung	Abschnitt	Stahlsorte Kurzname	Art der Prüfbescheinigung nach DIN EN 10204[1]
DIN EN 10025-2	2.1	S235JR+N	3.1[2]
		S235J2+N	3.1
		S275JR+N	3.1[2]
		S275J2+N	3.1
		S355J2+N	
		S355K2+N	
DIN EN 10207	2.2	P235S	3.1
		P265S	
		P275SL	
DIN EN 10028-2	2.3	P235GH	3.1
		P265GH	
		P295GH	3.2 (≤ 30 mm 3.1[3])
		P355GH	
		16Mo3	
		13CrMo4-5	3.2
		10CrMo9-10	
		12CrMo9-10	
		20MnMoNi4-5	
		15NiCuMoNb5-6-4	
DIN EN 10028-3	2.4	P275NH	3.1
		P275NL1	3.2
		P275NL2	
		P355N	3.2 (≤ 30 mm 3.1[3])
		P355NH	
		P355NL1	3.2
		P355NL2	
		P420NH	
		P420NL1	
		P420NL2	
		P460NH	
		P460NL1	
		P460NL2	
DIN EN 10028-4	2.5	11MnNi5-3	3.2
		13MnNi6-3	
		12Ni14	
		X12Ni5	
		X8Ni9	
DIN EN 10028-5	2.6	P355M	3.2
		P355ML1	
		P355ML2	
		P420M	
		P420ML1	
		P420ML2	
		P460M	
		P460ML1	
		P460ML2	

Bild 1.4: Auszug aus „Tafel 1 – Art der Prüfbescheinigung nach DIN EN 10204“ des AD 2000-Merkblatts W 1 (2020-04)

Im nach deutschem Recht ebenfalls überwachungspflichtigen Stahlbau wird auf Basis der Bemessung und Konstruktion nach dem Eurocode 3 die Ausführung von tragenden Stahlkonstruktionen z. B. in DIN EN 1090-2:2018-09 geregelt. Hier wird die Art der Prüfbescheinigung für metallische Erzeugnisse in Abhängigkeit vom verwendeten Ausgangsprodukt in Tabelle 1 des Abschnitts 5.2 der DIN EN 1090-2:2018-09 vorgegeben (siehe Bild 1.5).

Ausgangsprodukte	Prüfbescheinigungen
Baustähle (Tabellen 2 und 3)	
Baustahlsorte ≤ S275	2.2[a,b]
Baustahlsorte > S275	3.1[b]
Nichtrostende Stähle (Tabelle 4)	
Mindestwert der 0,2 %-Dehngrenze ≤ 240 MPa	2.2
Mindestwert der 0,2 %-Dehngrenze > 240 MPa	3.1
Stahlguss	3.1[c]
Schweißzusätze (Tabelle 5)	2.2
Schraubengarnituren nach Normenreihe EN 14399	3.1[d,e]
Schraubengarnituren nach Normenreihe EN 15048	2.1
Schrauben[f], Muttern[f] oder Scheiben[f]	2.1
Niete zum Warmnieten	2.1
Selbstschneidende und selbstbohrende Blechschrauben und Blindniete	2.1
Bolzen zum Lichtbogenbolzenschweißen	3.1
Dehnfugen bei Brücken	3.1
Hochfeste Zugglieder	3.1
Lager im Bauwesen	3.1

a Prüfbescheinigung 3.1, wenn die festgelegte Mindest-Streckgrenze 275 MPa beträgt und die festgelegte Kerbschlagarbeit bei einer niedrigeren Temperatur als 0 °C geprüft wurde.

b EN 10025-1:2004 fordert, dass die in der CEV-Formel enthaltenen Elemente in der Prüfbescheinigung anzugeben sind. Die Angabe weiterer, nach EN 10025-2 geforderter, zugefügter Elemente muss Al, Nb, und Ti enthalten.

c Prüfbescheinigung 2.2, wenn die festgelegte Mindest-Streckgrenze ≤ 355 MPa beträgt und die festgelegte Kerbschlagarbeit bei einer Temperatur von 20 °C geprüft wurde.

d Wenn Garnituren mit einer Fertigungs-Chargennummer gekennzeichnet sind und der Hersteller die gemessenen charakteristischen Werte von den Aufzeichnungen der internen (werkseigenen) Produktionskontrolle auf Basis dieser Nummer rückverfolgen kann, darf auf die Prüfbescheinigung 3.1 nach EN 10204 verzichtet werden.

e Die Prüfbescheinigungen müssen die Ergebnisse der Eignungsprüfungen enthalten.

f Gilt, wenn Schrauben, Muttern oder Scheiben zur Verwendung in nicht vorgespannten Schraubverbindungen und nicht als Komponente von Schraubengarnituren nach den Normenreihen EN 14399 oder EN 15048 bereitgestellt werden.

Bild 1.5: „Tabelle 1 – Prüfbescheinigungen für metallische Erzeugnisse" aus DIN EN 1090-2:2018-09

Für die beiden oben genannten überwachungspflichtigen Anwendungsbereiche ergeben sich in Umsetzung europäischen Rechts vergleichbare Anforderungen an Prüfbescheinigungen von metallischen Erzeugnissen. Um beispielsweise den grundlegenden Sicherheitsanforderungen der europäischen Bauproduktenverordnung (Verordnung (EU) Nr. 305/2011) gerecht zu werden, müssen die Baustähle gemäß Anhang B der harmonisierten europäischen Norm EN 10025-1:2004 zur Bewertung der Konformität mit den in Bild 1.6 aufgelisteten Prüfbescheinigungen geliefert werden. In den Prüfbescheinigungen ist zudem das CE-Zeichen anzubringen. Die Art der Prüfbescheinigung ist dabei abhängig von den Mindestanforderungen an die Streckgrenze sowie von der vorgeschriebenen Prüftemperatur, bei der die Kerbschlagarbeit der Stähle zu ermitteln ist.

Anforderung	Prüfbescheinigung
Festgelegte Mindeststreckgrenze ≤ 355 MPa[a] und eine festgelegte Kerbschlagarbeit, die bei einer Temperatur von 0 °C oder 20 °C zu prüfen ist.	2.2
Festgelegte Mindeststreckgrenze ≤ 355 MPa[a] und eine festgelegte Kerbschlagarbeit, die bei einer Temperatur unter 0 °C zu prüfen ist.	3.1[b] oder 3.2[c]
Festgelegte Mindeststreckgrenze > 355 MPa[a]	3.1[b] oder 3.2[c]

a 1 MPa = 1 N/mm^2.

b Abnahmeprüfzeugnis 3.1 nach EN 10204:2004 ersetzt Abnahmeprüfzeugnis 3.1.B nach EN 10204:1991.

c Abnahmeprüfzeugnis 3.2 nach EN 10204:2004 ersetzt Abnahmeprüfzeugnis 3.1.C nach EN 10204:1991.

Bild 1.6: „Tabelle B.1 – Art der Prüfbescheinigung“ aus EN 10025-1:2005-02 (D)

Vergleicht man nun die Anforderungen an die Art der Prüfbescheinigung, die man aus den Bildern 1.5 und 1.6 für Baustähle herauslesen kann, so stellt man fest, dass diese in DIN EN 1090-2:2018-09 und DIN EN 10025-1:2005-02 nicht gleich geregelt sind – nationale und europäische Regelung unterscheiden sich.

Man sollte sich aber darüber im Klaren sein, dass es sich bei der Vorgabe für die Prüfbescheinigung letztlich um eine Mindestanforderung handelt. Gegenüber dem 2.2 Werkszeugnis stellt das 3.1 Abnahmeprüfzeugnis allein schon durch die darin ausgewiesenen Prüfwerte auf Grundlage einer spezifischen Prüfung immer die aussagekräftigere Prüfbescheinigung dar und kann das 2.2 Werkszeugnis damit vollständig und sogar mit einem Zugewinn an Inhalt und Verbindlichkeit ersetzen. Dies sollte der Besteller bei der Auswahl der Prüfbescheinigung gegebenenfalls berücksichtigen, indem er im Zweifelsfall ein Abnahmeprüfzeugnis 3.1 bestellt.

In der europäischen Rechtsetzung für den Bau von Druckgeräten sieht der Sachverhalt anders aus. Die europäische Druckgeräterichtlinie liegt mittlerweile in der Neurevision als „Richtlinie 2014/68/EU" (früher: Richtlinie 97/23/EC) vor, ist aber in Bezug auf die Regelungen für die Bereitstellung von Druckgeräten auf dem EU-Binnenmarkt in wesentlichen Teilen unverändert geblieben. Die Druckgeräterichtlinie regelt deshalb auch weiterhin recht detailliert die grundsätzlichen technischen Anforderungen an Druckgeräte und fordert im Teil 4 „Werkstoffe" des Anhangs I wie bisher Prüfbescheinigungen auf Basis spezifischer Prüfungen für sicherheitsrelevante drucktragende Teile der Kategorien II, III und IV. Hierbei wird bei Werkstoffherstellern, die über ein zertifiziertes Qualitätsmanagementsystem verfügen, die Konformität der Prüfbescheinigung mit den Anforderungen angenommen, sodass in diesem Fall die Notwendigkeit eines 3.2 Abnahmeprüfzeugnisses entfällt. Insofern ist der auf der früheren Druckgeräterichtlinie 97/23/EG basierende Anhang ZA der DIN EN 10204:2005-01 auch weiterhin anwendbar (vgl. Bild 1.7).

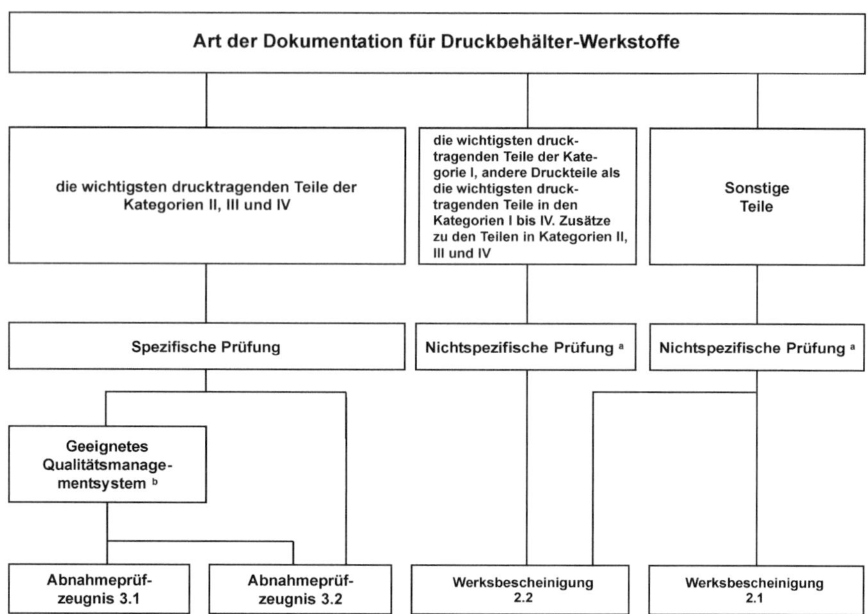

Bild 1.7: „Bild ZA.1 Übereinstimmung mit Anhang I Unterabschnitt 4.3 der Direktive 97/23/EG" aus DIN EN 10204:2005-01

Im Gegensatz zu den Regelungen im überwachungspflichtigen Stahlbau werden im Bereich des Druckbehälterbaus Widersprüche zwischen nationaler und europäischer Gesetzgebung vermieden, indem die DIN EN 10204:2005-01 in der jeweils anzuwendenden Produktnorm in Bezug genommen, die konkrete Anforderung an die Art der Prüfbescheinigung jedoch an anderer Stelle im jeweiligen technischen Regelwerk, wie z. B. dem AD2000-Regelwerk, präzisiert wird (vgl. hierzu Bild 1.4).

Zusammenfassend kann somit festgestellt werden, dass die Normung der Arten von Prüfungen und Prüfbescheinigungen in der DIN EN 10204:2005-01 allgemein einen weitgehend einheitlichen europäischen Rahmen hat, sodass es nur selten Klärungsbedarf bei der Auswahl der Art der Prüfbescheinigung geben sollte. Insbesondere im gesetzlich geregelten überwachungspflichtigen Bereich des Stahlbaus besteht hinsichtlich der Vorgaben zur Anwendung konkreter Prüfungen und Prüfbescheinigungen auf metallische Erzeugnisse jedoch weiterhin noch einiger Harmonisierungsbedarf.

Nach diesem Exkurs in die Systematik der Anwendung der DIN EN 10204 soll im nachfolgenden Abschnitt schließlich noch die Frage nach möglichen Inhalten sowie hierzu infrage kommenden Ansätzen zur Gliederung derselben in Prüfbescheinigungen nach DIN EN 10204 geklärt werden. Dies wird exemplarisch am Beispiel der DIN EN 10168 erläutert. Es ist dabei jedoch zu beachten, dass die DIN EN 10168 ausdrücklich nur für Stahlerzeugnisse gilt, für die Anwendung im Bereich anderer Werkstoffe also eine gleichwertige branchenspezifische (normative) Regelung in Bezug zu nehmen wäre.

1.3 Angaben in der Prüfbescheinigung – DIN EN 10168

Aus den beiden vorangegangenen Abschnitten wird deutlich, dass Prüfbescheinigungen nur in dem Maße technische Aussagen enthalten (und damit auch rechtliche Bedeutung haben), wie aus den in der Prüfbescheinigung ausgewiesenen Prüfergebnissen auf die Eignung der gelieferten metallischen Erzeugnisse für den vorgesehenen Anwendungszweck geschlussfolgert werden kann.

Dazu müssen Prüfbescheinigungen inhaltlich so gestaltet sein, dass sie auch international in der gleichen Weise verstanden werden, damit bezüglich der technischen Aussage hinsichtlich der Erfüllung der Bestellanforderungen der Eignung des Produkts sowie über dessen Sicherheit bei allen Beteiligten idealerweise kein Interpretationsspielraum mehr besteht.

Voraussetzung dafür ist zunächst einmal ein einheitliches Verständnis darüber, was in einer Prüfbescheinigung überhaupt konkret zu stehen hat, was also die eigentlichen Aufgaben einer Prüfbescheinigung sind. Dabei ergeben sich die folgenden grundsätzlichen thematischen Fragestellungen, deren Dokumentation in erster Linie für die Vertragsparteien bei einem Bestellvorgang von Bedeutung ist:

1) Angaben zum Geschäftsvorgang – welche Lieferbedingungen werden in einer Bestellung festgelegt und wer ist daran beteiligt?
2) Beschreibung der Erzeugnisse – um welche Erzeugnisse geht es in einer Bestellung?
3) Prüfung – welche Prüfungen und zugehörige produktspezifische Angaben sind als Teil der Vereinbarung mit dem Besteller obligatorisch und in der Prüfbescheinigung deshalb immer anzugeben?
4) Sonstige Prüfungen – welche Prüfungen und/oder zugehörige produktspezifische Angaben sind ein optionaler Teil der Vereinbarung mit dem Besteller?
5) Bestätigung – wie und durch wen erfolgt die Bestätigung der Angaben in der Prüfbescheinigung und welche Kennzeichnungen sind ggf. für das Produkt erforderlich?

Natürlich sind die Antworten auf diese Fragen auch für die spätere Verwendung bzw. Weiterverarbeitung relevant (allein schon unter dem Aspekt der Produktsicherheit).

Für Stahlerzeugnisse liefert die bereits mehrfach erwähnte DIN EN 10168 „Stahlerzeugnisse – Prüfbescheinigungen – Liste und Beschreibung der Angaben“ die benötigten Vorgaben für den inhaltlichen Aufbau einer Prüfbescheinigung. Diese Norm liegt aktuell in der Ausgabe September 2004 vor. Bevor aber näher auf die Norminhalte eingegangen wird, sei noch auf einige wesentliche Grundsätze zur Anwendung der DIN EN 10168 hingewiesen:

- Als Angaben in Prüfbescheinigungen müssen zumindest diejenigen Prüfergebnisse erscheinen, die in der vereinbarten Erzeugnisspezifikation gefordert werden. Hierbei ist darauf zu achten, dass auch die Art der in der Prüfbescheinigung ausgewiesenen Prüfergebnisse (nichtspezifisch oder spezifisch) konform zu den Vorgaben der Spezifikation ist. Die Ausnahme bilden die 2.1 Werkszeugnisse, in denen keine Ergebnisse von Prüfungen gefordert sind (vgl. hierzu Tabelle 1.1 in Abschnitt 1.2).
- Die in DIN EN 10168 zusammengestellten Angaben für Prüfbescheinigungen nach DIN EN 10204 stellen prinzipiell nur mögliche Inhalte dar – sie können also in einer Prüfbescheinigung vorhanden sein, müssen es aber nicht zwingend. Wenn vereinzelte Angaben für bestimmte Stahlprodukte nicht

zutreffen, weil es keine diesbezüglichen Anforderungen in der jeweils anzuwendenden Produktnorm oder Bestellspezifikation gibt, dann brauchen diese Angaben in der Prüfbescheinigung selbstverständlich auch nicht aufzutauchen.

- Das Layout sowie die Reihenfolge der Angaben in einer Prüfbescheinigung können vom Aussteller der Prüfbescheinigung geändert werden – es müssen also nicht alle Prüfbescheinigungen gleich aussehen.
- Nicht alle Angaben in einer Prüfbescheinigung müssen an der dafür ursprünglich vorgesehenen Stelle stehen, sondern können entweder auch als Anhang beigefügt werden oder in einem etwa vorhandenen Freifeld der Prüfbescheinigung ausgewiesen werden. Derartige Fälle können z.B. vorkommen, wenn das ursprünglich für eine Angabe vorgesehene Datenfeld nicht groß genug für die vollständige Angabe ist oder sich schlicht nicht für die betreffende Angabe eignet (wie z.B. bei Nachweisen der inneren Beschaffenheit von Stahlerzeugnissen, die zumeist über ein gesondertes Ultraschallprüfprotokoll nachgewiesen werden, welches man aber kaum sinnvoll in eine Prüfbescheinigung integrieren kann). Vom Aussteller der Prüfbescheinigung ist dabei lediglich zu beachten, dass an der ursprünglich für die Angabe vorgesehenen Stelle ein eindeutiger Verweis auf den hinzugefügten Anhang bzw. den im Freifeld der Prüfbescheinigung ergänzten Vermerk zu finden ist, damit die zweifelsfreie Zuordnung ohne Verwechslungsgefahr sichergestellt ist.

Auf den ersten Blick ist also eine verwirrende Vielzahl verschiedenster Möglichkeiten für den inhaltlichen Aufbau von Abnahmeprüfzeugnissen gegeben. Das ist jedoch nur scheinbar so, denn auf Grundlage der zuvor genannten Fragestellungen 1) – 5) zu den Aufgaben einer Prüfbescheinigung definiert die DIN EN 10168 analog auch fünf feste sogenannte „Angabenblöcke“. Diese sind das gemeinsame Element aller Prüfbescheinigungen, die auf die DIN EN 10168 Bezug nehmen.

Die Zuordnung der Angabenblöcke zu den zugehörigen für die Inhalte der Prüfbescheinigung vorgesehenen Datenfeldern erfolgt nach einem recht unkomplizierten System. Jeder der fünf Angabenblöcke wird durch einen Großbuchstaben als Kurzzeichen repräsentiert. Gefolgt wird das Kurzzeichen eines Angabenblocks von einem zweistelligen numerischen Zahlencode, der zusammen mit dem Kurzzeichen als sogenannte „Kennnummer“ für die jeweilige Angabe in der Prüfbescheinigung steht. Das betreffende Datenfeld in einer Prüfbescheinigung ist mindestens mit dieser Kennnummer zu betiteln, damit die Bedeutung der im Datenfeld gemachten Angabe unmissverständlich ist.

Dieses System von Angabenblöcken und Kennnummern ermöglicht damit nicht nur die eindeutige Zuordnung der Prüfbescheinigung zum gelieferten Produkt, sondern gleichzeitig auch die Vergleichbarkeit der technischen Aussagen von Prüfbescheinigungen, die nach der in DIN EN 10168 beschriebenen Systematik zur inhaltlichen Gliederung erstellt wurden. Dabei können die jeweiligen Angaben im Prüfzeugnis stets dem zugehörigen Angabenblock zugeordnet werden.

Bei den Angaben in einer nach DIN EN 10168 gegliederten Prüfbescheinigung unterscheidet man Kennnummern, die bereits fest vergeben sind, und Bereiche von Kennnummern, die frei verfügbare Datenfelder bezeichnen. Fest vergebene Kennnummern sind stets eindeutig mit bestimmten Angaben verknüpft – in den Übersichtstabellen der DIN EN 10168 für die einzelnen Kennnummern sind die zugehörigen Angaben mittels einer eindeutigen Angabenbezeichnung sowie den Erläuterungen der Festlegungen zum jeweiligen Zweck der Datenfelder so aussagekräftig wie möglich beschrieben.

Beispiele für Angaben auf Grundlage fest vergebener Kennnummern sind das Herstellerwerk (Kennnummer A01) im Angabenblock für die Angaben zum Geschäftsvorgang, die Identifizierung des Erzeugnisses (Kennnummer B07) im Angabenblock für die Beschreibung der Erzeugnisse oder auch die Zugfestigkeit beim Zugversuch (Kennnummer C12) im Angabenblock für die Prüfungen.

Die Kennnummernbereiche für Datenfelder zur freien Belegung werden in den Übersichtstabellen der DIN EN 10168 stets als „Ergänzende Angaben“ bezeichnet, die sich entweder direkt auf den zugehörigen Angabenblock oder auf eine der fest vorgegebenen Prüfungen bezieht.

Ein typisches Beispiel hierfür sind zusätzliche Angaben zur chemischen Zusammensetzung von Stahlerzeugnissen. Die für die regulären Prüfergebnisse fest vergebenen Kennnummern C70 – C92 sind hierbei für die Elementgehalte des Stahlerzeugnisses reserviert, so wie sie gemäß Produktnorm oder Bestellspezifikation in der Prüfbescheinigung anzugeben sind. Wird nun vom Besteller beispielsweise noch die zusätzliche Angabe eines oder mehrerer Kohlenstoffäquivalente gefordert, so können diese Angaben nicht einer dieser fest vergebenen Kennnummern zugeordnet werden und sind daher als zur chemischen Zusammensetzung gehörige Materialkennwerte mit den nachfolgenden frei belegbaren Kennnummern ab C93 bis C99 in der Prüfbescheinigung zu vermerken. Eine Übersicht aller in DIN EN 10168 genormten Aufgabenblöcke und Kennnummernbereiche kann Bild 1.8 entnommen werden.

Kurzzeichen	Angabenblöcke für	fest vergebene Felder	frei verfügbare Felder	siehe Tabelle
		von – bis	von – bis	
A	**Angaben zum Geschäftsvorgang und zu den daran Beteiligten**	A01 – A09	A10 – A99	2
B	**Beschreibung der Erzeugnisse**	B01 – B13	B14 – B99	3
C	**Prüfung** – Allgemeine Angaben – Zugversuch – Härteprüfung – Kerbschlagbiegeversuch – Sonstige mechanische Prüfungen – Chemische Zusammensetzung und Stahlherstellungsverfahren	 C00 – C03 C10 – C13 C30 – C32 C40 – C43 C70 – C92	 C04 – C09 C14 – C29 C33 – C39 C44 – C49 C50 – C69 C93 – C99	4
D	**Sonstige Prüfungen**	D01 – D50	D51 – D99	5
Z	**Bestätigung**	Z01 – Z04	Z05 – Z99	5

Bild 1.8: „Tabelle 1 Angabenblöcke und Übersicht über deren Unterteilung“ aus DIN EN 10168:2004-09

Die nachfolgende Tabelle 1.3 gibt weiterhin einen Überblick über die Angabenblöcke, die für die Ausstellung der einzelnen Arten von Prüfzeugnissen für Stahlerzeugnisse nach DIN EN 10204 relevant sind. Bei einer 2.1 Werksbescheinigung, die letztlich eine reine Konformitätserklärung mit der Bestellspezifikation durch den Hersteller darstellt, sind keine Prüfergebnisse gefordert, weswegen hier auch die Angabenblöcke C und D entfallen.

Tabelle 1.3: Enthaltene Aufgabenblöcke nach EN 10168 in Prüfbescheinigungen nach DIN EN 10204:2005-01

Bezeichnung der Prüfbescheinigung		Enthaltene Angaben aus Aufgabenblöcken nach DIN EN 10168
Art	Normbezeichnung	
2.1	Werksbescheinigung	A, B, Z (nur Z01)
2.2	Werkszeugnis	A, B, C, D, Z (nur Z01)
3.1	Abnahmeprüfzeugnis 3.1	A, B, C, D, Z
3.2	Abnahmeprüfzeugnis 3.2	A, B, C, D, Z

Während die durchzuführenden Prüfungen an Erzeugnissen naturgemäß anhand der spezifischen Festlegungen und Erfordernisse für die jeweilige Werkstoffbranche erfolgen, haben die in den Angabenblöcken A, B und Z definierten Kennnummern in Teilen universellen Charakter. Damit sind sie im Grundsatz nicht nur für die Stahlindustrie verwendbar, sondern eignen sich in modifizierter Form durchaus auch für den branchenspezifischen Aufbau eigener Module für Angaben in einer Prüfbescheinigung, sofern diese eindeutig auf die EN 10204 bzw. DIN EN 10204 verweisen (vgl. hierzu Abschnitt 1.2 und Bild 1.3). Die Übersichtstabellen 2, 3 und 5 der DIN EN 10168 seien deshalb zur Orientierung in den nachfolgenden Bildern 1.9 – 1.11 beispielhaft aufgeführt.

Kenn-nummer	Angabenbezeichnung	Erläuterungen
A01	Herstellerwerk	Name und Anschrift des Werkes, in dem die Erzeugnisse hergestellt worden sind.
A02	Art der Prüfbescheinigung	Wie in EN 10204 definiert.
A03	Bescheinigungsnummer	Vom Aussteller festgelegte Nummer der Bescheinigung. Falls die Bescheinigung aus mehreren Seiten besteht, kann dieser Bescheinigungsnummer eine Seitenzahl folgen.
A04	Zeichen des Herstellers	Zeichen zur Identifizierung des Herstellers, das anstelle des Herstellernamens bei der Kennzeichnung der Erzeugnisse verwendet wird.
A05	Aussteller der Prüfbescheinigung	Abnahmeorganisation oder die zuständige Abteilung des Herstellerwerkes.
A06	Besteller/Empfänger	Name und, falls angebracht, die Anschrift des Bestellers oder des Empfängers des Erzeugnisses oder des Empfängers der Bescheinigung. Um welche Anschrift es sich handelt, ist durch die Kennnummer A06.1, A06.2 bzw. A06.3 zu kennzeichnen.
A07	Kundenbestellnummer und gegebenenfalls Positionsnummer	Bestellnummer, Positionsnummer und, falls nötig, Datum.
A08	Werksauftragsnummer	Bestellnummer und, falls nötig, Datum oder Nummer der Auftragsbestätigung.
A09	Artikelnummer des Kunden	Referenznummer des Kunden für die zu liefernden Erzeugnisse. Diese Artikelnummer ist keine vom Besteller zum Zeitpunkt der Bestellung verbindlich anzugebende Information.
A10 bis A99	Ergänzende Angaben	Verfügbar für Angaben zum Geschäftsvorgang und den daran Beteiligten.

Bild 1.9: „Tabelle 2 – Kennnummern und Bezeichnungen für die Felder des Angabenblocks A – Angaben zum Geschäftsvorgang und den daran Beteiligten“ aus DIN EN 10168:2004-09

Kenn-nummer	Angabenbezeichnung	Erläuterungen
B01	Erzeugnis	Die Erzeugnisform (z. B. Grobblech, Formstahl, Breitflachstahl, Rohr, Hohlprofil usw.) sowie gegebenenfalls deren Oberflächenausführung ist – soweit zutreffend, unter Bezugnahme auf eine entsprechende Maßnorm – anzugeben.
B02	Stahlbezeichnung	Stahl-Kurzname oder -Werkstoffnummer und Zusatzsymbole sowie Erzeugnisspezifikation für den Stahl.
B03	Zusätzliche Anforderungen	Bei der Bestellung vereinbarte Sonderanforderungen, die nicht in Feld B01 oder B02 erfasst sind.
B04	Lieferzustand	In der betreffenden Erzeugnisspezifikation festgelegter Lieferzustand der Erzeugnisse.
B05	Referenz(wärme)behandlung von Probenabschnitten	(Wärme-)Behandlung von Probenabschnitten, an denen Prüfungen zum Nachweis der mechanischen Eigenschaften durchzuführen sind. Dieses Feld kommt nur in Betracht, wenn der Behandlungszustand des Probenabschnittes vom Lieferzustand abweicht.
B06	Kennzeichnung des Erzeugnisses	Verfügbar für Angaben zur Kennzeichnung.
B07	Identifizierung des Erzeugnisses	Angaben für die Rückverfolgbarkeit der Erzeugnisse durch z. B. Schmelzennummer, Blocknummer, Walznummer, Losnummer, Prüfnummer.
B08	Stückzahl	Zahl der gelieferten Erzeugnisse (dies kann ein Verweis auf die Artikelnummer nach Feld A09 sein).
B09 bis B11	Maße des Erzeugnisses	Nennmaße des bestellten Erzeugnisses. Bei nicht genormten Erzeugnissen komplizierter Form ist z.B. zu schreiben: „entsprechend Zeichnung xyz". Die Zeichnung ist als Anhang der Bescheinigung beizufügen.
B12	Theoretische Masse	Aus den Nennmaßen des Erzeugnisses und einer festgelegten Dichte errechnete Masse.
B13	Ist-Masse	Zum Zeitpunkt der Lieferung, z. B. mittels Wägung, ermittelte Masse.
B14 bis B99	Ergänzende Angaben	Verfügbar für Angaben zur Beschreibung der Erzeugnisse (siehe Abschnitt 5, Absatz 3).

Bild 1.10: „Tabelle 3 – Kennnummern und Bezeichnungen für die Felder des Angabenblocks B – Beschreibung der Erzeugnisse, für die die Prüfbescheinigungen gelten – " aus DIN EN 10168:2004-09

Kennnummer	Angabenbezeichnung	Erläuterungen
	Prüfungen am Erzeugnis	
D01	Kennzeichnung, Identifizierung, Oberfläche, Form und Maße	Angabe, dass die Prüfung durchgeführt wurde und die Ergebnisse den Anforderungen entsprachen.
D02 bis D50	Zerstörungsfreie Prüfungen	Betrifft zerstörungsfreie Prüfungen, z. B. Eindringprüfung, Magnetpulverprüfung. Angabe, dass die Prüfung durchgeführt wurde und die Ergebnisse den Anforderungen entsprachen.
D51 bis D99	Andere Prüfungen am Erzeugnis	Verfügbar für Angaben für sonstige Prüfungen am Erzeugnis (siehe Abschnitt 5, Absatz 3). Angabe, dass die Prüfung durchgeführt wurde und die Ergebnisse den Anforderungen entsprachen.
	Bestätigung	
Z01	Konformitätserklärung	Erklärung des Herstellers, dass das Erzeugnis der Bestellung entspricht.
Z02	Datum der Ausstellung und Bestätigung	Identifizierung der Person(en), die entsprechend EN 10204 für die Bestätigung der Prüfbescheinigung autorisiert ist (sind).
Z03	Stempel des (der) Abnahmebeauftragten	–
Z04	CE-Zeichen	Verfügbar für Angaben zur CE-Kennzeichnung.
Z05 bis Z99	Ergänzende Angaben	Verfügbar für Angaben über sonstige Bestätigungen (siehe Abschnitt 5, Absatz 3).

Bild 1.11: „Tabelle 5 – Kennnummern und Bezeichnungen für die Felder des Angabenblocks D – Angaben zu weiteren Prüfungen – und Z Bestätigung“ aus DIN EN 10168:2004-09

Besondere Beachtung verdienen hierbei die Festlegungen des Angabenblocks Z zur Bestätigung der Prüfbescheinigung, denn sie stellen letztlich die Konformität mit den Anforderungen der DIN EN 10204 her:

– Die Kennnummer Z01 bezieht sich dabei unmittelbar auf den Zweck einer Prüfbescheinigung nach DIN EN 10204, nämlich der Bestätigung, dass die Vorgaben der jeweiligen Bestellspezifikation eingehalten wurden und dass das vom Hersteller gelieferte Stahlerzeugnis damit für den vorgesehenen Verwendungszweck geeignet und die Produktsicherheit mithin gewährleistet ist. Die Herstellererklärung zu Kennnummer Z01 ist deshalb in jeder Art von Prüfbescheinigung nach EN 10204 anzugeben.

- Die Kennnummern Z02 und Z03 gewährleisten die Bestätigung der Prüfergebnisse in Prüfbescheinigungen auf Grundlage spezifischer Prüfung. Sie sind daher typisch für das Abnahmeprüfzeugnis 3.1 bzw. das Abnahmeprüfzeugnis 3.2 nach DIN EN 10204. In der Praxis werden unter diesen Kennnummern ausschließlich die Abnahmebeauftragten des Herstellers genannt. Dies hat seinen Grund darin, dass Prüfbescheinigungen für Stahlerzeugnisse zumeist aus mehreren Seiten bestehen, die der vom Besteller beauftragte (oder in den amtlichen Vorschriften genannte) Abnahmebeauftragte einzeln bestätigt.
- Die Kennnummer Z04 schließlich trägt den Anforderungen der europäischen Bauproduktenverordnung Rechnung. Die darauf basierenden harmonisierten europäischen Normen, wie beispielsweise die EN 10025-1, geben hier die Möglichkeit der CE-Kennzeichnung in der Prüfbescheinigung. Da insbesondere die Erzeugnisse der Halbzeughersteller in der Stahlindustrie nicht direkt in Bauwerke eingebaut werden, macht dies auch Sinn, denn nur in der Begleitdokumentation für ein Produkt (wie z.B. einer Prüfbescheinigung) bleibt die CE-Kennzeichnung als Konformitätsnachweis auch nach der Weiterverarbeitung erhalten.

Das in diesem Abschnitt vorgestellte Verfahrensprinzip der Anwendung der in DIN EN 10168 genormten Kennnummern für die Ausstellung von Prüfbescheinigungen nach DIN EN 10204 bildet damit ein einheitliches und auch international verstandenes System für die Erklärung und Bestätigung von Produkteigenschaften durch die Stahlhersteller. Die bisherigen Ausführungen zu den Grundsätzen von DIN EN 10204 und DIN EN 10168 schließen damit den einleitenden Teil dieses Anwenderleitfadens ab – weitere Informationen und Erläuterung zu Prüfbescheinigungen aus der Sicht des Herstellers finden sich im folgenden Kapitel.

2 Prüfbescheinigungen aus der Sicht des Herstellers

Bernd Baldauf, Bernhard Müller

Die vom Kunden bestellten Prüfbescheinigungen sind ein wichtiger Bestandteil der Lieferung. Als Hersteller haben wir die Verpflichtung, die Prüfbescheinigungen dem Kunden unverzüglich nach dem Versand der Erzeugnisse zur Verfügung zu stellen. Ausschlaggebend hierfür ist die Tatsache, dass diese je nach Art der Prüfbescheinigung Angaben etwa zur Identifizierung der Erzeugnisse oder Angaben über die bestellten Qualitätsprüfungen wie die Prüfergebnisse aus dem Zugversuch bei Raumtemperatur enthalten.

Aus diesem Grund ist die rechtzeitige bzw. schnelle Verfügbarkeit der Prüfbescheinigung für die meisten Kunden wichtig, da hiermit:

- die Wareneingangskontrolle unterstützt werden kann,
- die bestellten Eigenschaftsanforderungen kontrollierbar sind,
- die bescheinigten Kennwerte z. B. über Festigkeit, Zähigkeit oder die chemische Zusammensetzung des Erzeugnisses ggf. für die Weiterverarbeitung zur Verfügung stehen.

In jeder Prüfbescheinigung bestätigt der Hersteller, dass die gelieferten Erzeugnisse mit den Bestellanforderungen übereinstimmen. Zudem enthalten Prüfbescheinigungen technische Aussagen über die Beschaffenheit der Erzeugnisse, z. B. die Form und Abmessungen. Dadurch wird den Prüfbescheinigungen auch eine gewisse rechtliche Bedeutung zuteil (siehe Abschnitt 4 „Rechtliche Bedeutung von Prüfbescheinigungen").

Der Erhalt der Prüfbescheinigung entbindet den Kunden jedoch nicht von einer Eingangskontrolle des gelieferten Erzeugnisses.

Folgende sechs Schwerpunkte werden behandelt:

1) Wichtige Kriterien einer Prüfbescheinigung
2) Anwendungsbereich und Bedeutung der verschiedenen Arten von Prüfbescheinigungen mit Beispielen aus der Praxis
3) Auswirkungen der Verpflichtungen durch Prüfbescheinigungen auf den Geschäfts- und Produktionsprozess bei spezifischen Prüfungen
4) Was muss dokumentiert werden?
5) Vereinheitlichung von Prüfbescheinigungen
6) Gemeinsamkeiten: DIN EN ISO 9001 und DIN EN 10204

2.1 Wichtige Kriterien einer Prüfbescheinigung

Damit der Hersteller überhaupt eine Prüfbescheinigung ausstellen kann, benötigt er definierte Bedingungen vom Besteller, d. h. der Hersteller braucht Vorgaben. Das nachstehende Schaubild zeigt eine Zusammenstellung der wichtigsten Kriterien bzw. Vorgaben. Diese müssen in der Bestellung enthalten sein. Sie können aber auch in einer Liefervorschrift bzw. Kundenspezifikation zusammengefasst werden, die dann Bestandteil der Bestellung ist. Diese Anforderungen sind vom Hersteller zu beachten bzw. zu realisieren.

Im Anhang A.1 und Anhang A.2 sind verschiedene Arten von Prüfbescheinigungen beispielhaft dargestellt. Zur Werksbescheinigung 2.1 und den Werkszeugnissen 2.2 ist zu sagen, dass diese keine spezifischen Prüfungen enthalten. Dies bedeutet, dass eventuell aufgeführte Prüfergebnisse nicht von den gelieferten Erzeugnissen stammen müssen. Das Abnahmeprüfzeugnis 3.1 dagegen beinhaltet Prüfergebnisse von spezifischen Prüfungen, welche an der Lieferung selbst durchgeführt wurden.

Vom Besteller vorzugeben ist die gewünschte Stahlsorte mit der entsprechenden Gütenorm. Dadurch sind beispielsweise die Prüfeinheit, die anzuwendenden Prüfverfahren sowie die Sollwerte festgelegt. In Anhang A.3 ist am Beispiel von Grobblechwalztafeln zu sehen, wie unterschiedlich je nach Stahlsorte und Gütenorm die jeweilige Prüfeinheit sein kann.

Weitere Angaben beziehen sich auf die Durchführung der Prüfung (z. B. durch den Abnahmebeauftragten des Bestellers, Beispiel siehe Anhang A.2.2), die Produktkennzeichnung und die Anforderungen an die Prüfbescheinigung selbst, wie z. B. Empfänger, Anzahl, Sprache.

➔ **Definierte Bedingungen vom Besteller an den Hersteller:**
(Angaben in der Bestellung)

- ➔ **Art der Prüfbescheinigung mit Bescheinigungsnorm**
(nichtspezifische oder spezifische Prüfung)
- ➔ **Stahlsorte mit Norm u./o. Erzeugnisspezifikation**
(Prüfeinheit, Prüfverfahren, usw.) Erläuterung Prüfeinheit siehe Anhang A.3
- ➔ **Wer hat die Prüfung durchzuführen bzw. zu bestätigen?** (z. B. TÜV)
- ➔ **mit CE-Zeichen und/oder NF-Zeichen zum Dokument**
- ➔ **Prüfbescheinigung:**
Empfänger, Anzahl, Sprache, Maßeinheit (z. B. ASTM amerik.), Übermittlungsart (z. B. Fax, E-Mail)

Bild 2.1: Kriterien einer Prüfbescheinigung

2.2 Anwendungsbereich und Bedeutung der verschiedenen Arten von Prüfbescheinigungen mit Beispielen aus der Praxis

Die EN 10204 wird weltweit angewendet und ist auch deckungsgleich mit der ISO 10474. Sie definiert verschiedene Arten von Prüfbescheinigungen, die der Kunde bei einem Hersteller bestellen kann. Die EN 10204 gilt für alle metallischen Erzeugnisse wie z.B. für Bleche oder Gussstücke, kann aber auch für nichtmetallische Erzeugnisse wie etwa Kunststoffe angewendet werden. In der Praxis gibt es sogar Anwendungen für Funktionsprüfungen. Bei Prüfbescheinigungen von Typ „nichtspezifische Prüfung“ ist zu beachten, dass die aufgeführten Prüfergebnisse nicht von der Lieferung stammen müssen.

Die EN 10204 definiert vier verschiedene Arten von Prüfbescheinigungen. In Anhang A.1 bis Anhang A.2 sind Beispiele aus der Praxis für alle vier möglichen Arten beigefügt.

Nichtspezifische Prüfung:

- Werksbescheinigung 2.1: technisch wertlos, da ohne Prüfergebnisse;
- Werkszeugnis 2.2: Bedeutung für Bleche stark rückläufig, da die Prüfergebnisse dem Erzeugnis nicht zugeordnet werden können.

Spezifische Prüfung:

- Abnahmeprüfzeugnis 3.1: hoher technischer Stellenwert, da Prüfergebnisse vom Erzeugnis stammen und rückverfolgbar sind;
- Abnahmeprüfzeugnis 3.2: wie 3.1 mit zusätzlicher Bestätigung des Abnahmebeauftragten des Bestellers

Prüfbescheinigungen müssen durch den Hersteller und bei spezifischer Prüfung durch den unabhängigen Abnahmebeauftragten bestätigt werden. Händler dürfen nur Originale oder Kopien der Prüfbescheinigung ohne Veränderung des Zustandes – abgesehen von Anpassungen der Mengenangaben – weitergeben. Bei Kopien muss ein Verfahren zur Sicherstellung der Rückverfolgbarkeit angewendet werden.

Eine Unterschrift ist nicht notwendig. Der Name und die Dienststellung der verantwortlichen Person sind ausreichend. Aufbewahrung und Weitergabe müssen elektronisch oder in Papierform erfolgen, wobei die elektronische Verfahrensweise viele Vorteile bringt (z. B. schnelle Verfügbarkeit). Es ist davon auszugehen, dass Hersteller Prüfbescheinigungen verstärkt elektronisch via E-Mail oder Internet zur Verfügung stellen werden.

2.3 Auswirkungen der Verpflichtungen durch Prüfbescheinigungen auf den Geschäfts- und Produktionsprozess bei spezifischen Prüfungen

Wie aus dem nachstehenden Bild 2.2 ersichtlich, hat das Ausstellen von Prüfbescheinigungen vielfältige Auswirkungen auf den Geschäfts- und Produktionsprozess. Die Bedingungen bzw. die Anforderungen an das Ausstellen müssen vom Kunden respektive vom Besteller definiert werden. Hierzu zählt etwa die Art der Prüfbescheinigung oder die Übermittlungsart (siehe 2.1). Diese Anforderungen sind vom Hersteller zu realisieren. Heutzutage wird die Überwachung der Organisation durch die Einführung und Weiterentwicklung eines QM-Systems standardmäßig nach ISO 9001 sichergestellt. Die Akkreditierung von Prüflaboratorien nach DIN EN ISO/IEC 17025 wird bei Prüfungen für „Dritte“ (Lohnprüfungen) oder von staatlichen Stellen, etwa im Rahmen von Zulassungsverfahren, gefordert.

Die Verantwortlichkeit und die Organisation der Prüfungen bzw. deren Durchführung oder Überwachung liegen beim Abnahmebeauftragten des Herstellers, welcher durch den Hersteller ernannt und von der Fertigungsabteilung unabhängig sein muss, sowie ggf. bei dem Abnahmebeauftragten des Bestellers (z. B. TÜV). Hierdurch ist sichergestellt, dass der Prüfer qualifiziert

(z. B. Level-Zertifikat für zerstörungsfreie Prüfung) und das Prüfmittel kalibriert ist (z. B. MPA-Zertifikat/Stempel) sowie der Prüfablauf ordnungsgemäß abläuft (Beachtung des Prüfzustandes und der Umgebungsbedingungen). Die Lenkung der qualitätsrelevanten Aufzeichnungen (Prüfprotokolle, Prüfbescheinigungen) obliegt dem Abnahmebeauftragten des Herstellers.

In der EN 10204 ist daher auch die Verantwortlichkeit für die Bestätigung der Bescheinigung in Abhängigkeit von der Art der Prüfbescheinigung geregelt, z. B. erfolgt für die Werksbescheinigung die Bestätigung durch den Hersteller, für das Abnahmeprüfzeugnis 3.1 erfolgt die Bestätigung durch den von der Fertigungsabteilung unabhängigen Abnahmebeauftragten des Herstellers oder für das Abnahmeprüfzeugnis 3.2 erfolgt die Bestätigung durch den Abnahmebeauftragten des Herstellers und des Bestellers (siehe Anhang A.2.2).

Die Anerkennung von Herstellern zur eigenverantwortlichen Prüfung kann mit Abnahmegesellschaften für bestimmte Stahlsorten vereinbart werden. Der Vorteil liegt darin, dass die Prüfungen im Produktionsfluss – ohne Wartezeit für den Fremdabnehmer – erfolgen können.

Darüber hinaus resultiert aus der Einführung, Verwirklichung und Aufrechterhaltung von entsprechenden Managementsystemen, wie z. B. ISO 9001, für den Kunden ein hohes Maß an Sicherheit bzw. Korrektheit, was die Bestätigung der Erzeugniseigenschaften in den Prüfbescheinigungen betrifft.

Bild 2.2: Prüfbescheinigungen im Geschäfts- und Produktionsprozess

2.4 Was muss dokumentiert werden?

Im Rahmen der Qualitätssicherung müssen wichtige Dokumente aufbewahrt werden. Bild 2.3 zeigt übersichtlich den Bescheinigungsumfang in Abhängigkeit von dem jeweiligen Kundenauftrag (z. B. Erzeugnisspezifikation), die Aufbewahrungsart und die Aufbewahrungsdauer.

Grundsätzlich sollten in einer Prüfbescheinigung keine Korrekturen vorgenommen werden. Der Austausch der ursprünglichen Prüfbescheinigung gegen eine neu erstellte ist heute üblich. Korrigierte bzw. geänderte Prüfbescheinigungen werden z. B. gekennzeichnet durch die Vergabe einer Ausgabe-Nr. (Revision) oder mindestens mit dem Hinweis „ersetzt Prüfbescheinigung XYZ vom XX.XX.XXXX“.

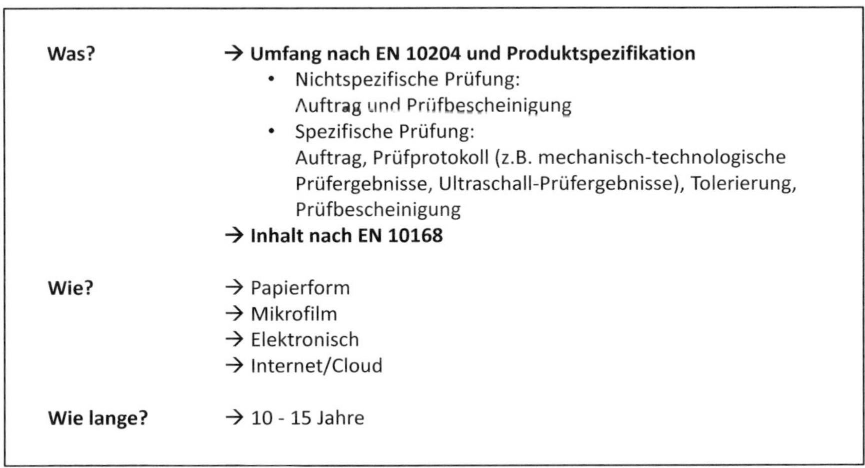

Bild 2.3: Informationen zur Dokumentation

Hinsichtlich der Aufbewahrungs- bzw. Archivierungsart von Prüfbescheinigungen gibt es keine expliziten Anforderungen von Normen. Es müssen jedoch gewisse juristische Aspekte bedacht werden (siehe Abschnitt 4 „Rechtliche Bedeutung von Prüfbescheinigungen“). Die in diesem Kontext „beste“ Archivierungsart ist die Papierform. Diese ist allerdings bei der teilweise großen Menge an Prüfbescheinigungen nicht praktikabel. Die zweitbeste Methode stellt die Archivierung mittels Mikrofilm dar. Da aber für diese Methode die am Markt erhältlichen Ressourcen immer schwieriger zu beschaffen sind, ist absehbar, dass schon mittelfristig die Archivierung in elektronischer Form der einzig gangbare Weg sein wird.

2.5 Vereinheitlichung von Prüfbescheinigungen

Aus dem Markt kommen immer wieder Forderungen nach Prüfbescheinigungen mit einheitlicher Aufmachung (Formular, Layout). Dies ist aus verschiedenen Gründen nicht praktikabel, da von den verschiedensten Herstellern unterschiedliche Erzeugnisse produziert werden.

Außerdem würde die Umstellung bei den Herstellern und Anwendern einen sehr hohen Aufwand insbesondere im IT-Bereich erforderlich machen.

Eine Vereinheitlichung der Bescheinigungsdaten sowie die Vermeidung von Missverständnissen kann jedoch leicht durch konsequente Anwendung der Norm EN 10168 „Stahlerzeugnisse – Prüfbescheinigungen – Liste und Beschreibung der Angaben“ erreicht werden. In dieser Norm sind einheitliche Bescheinigungsblöcke und Bezeichnungen mehrsprachig definiert und mit entsprechenden Kenn-Nummern indiziert. Bei deren Anwendung wird auch die Kommunikation im grenzüberschreitenden Warenverkehr vereinfacht und verbessert.

Durch die Gruppierung der Bescheinigungsdaten nach EN 10168 wird die Prüfbescheinigung automatisch übersichtlich und durch die zusätzliche Angabe der Kenn-Nr. bei den einzelnen Bezeichnungen auch eindeutig. Einzelne Bezeichnungen bzw. Bescheinigungsdaten sind über festgelegte Kenn-Nrn definiert und dürfen nicht verändert werden. So bedeutet z.B. die Kenn-Nr. „A02“ „Art der Prüfbescheinigung“. Die Prüfbescheinigung im Anhang A.2.1 zeigt als Beispiel ein Abnahmeprüfzeugnis in englischer Sprache. Andere Kenn-Nrn. können durch den jeweiligen Hersteller selbst vergeben und definiert werden (z.B. A10 bis A99 „Ergänzende Angaben“). Durch die Angabe der Kenn-Nr. bei den einzelnen Bezeichnungen ist es möglich, diese Prüfbescheinigung auch in anderen Sprachen gut zu interpretieren.

In Anhang A.2.1 sind die in der EN 10168 möglichen Kenn-Nrn. und Bezeichnungen und deren Gruppierung in deutscher, französischer und englischer Sprache aufgeführt.

Durch die Anwendung der EN 10168 werden somit die Verständlichkeit und die Lesbarkeit von Prüfbescheinigungen über unterschiedliche Hersteller von Stahlerzeugnissen für den Verwender erleichtert. Außerdem sind auch eine leichtere Kontrolle und Vergleichbarkeit möglich.

2.6 Gemeinsamkeiten: DIN EN ISO 9001 und DIN EN 10204

DIN EN ISO 9001

8.6 Freigabe von Produkten und Dienstleistungen

Die Organisation muss in geeigneten Phasen geplante Vorkehrungen umsetzen, um zu verifizieren, dass die Anforderungen an Produkte und Dienstleistungen erfüllt worden sind.

Die Freigabe von Produkten und Dienstleistungen zum Kunden darf erst nach zufriedenstellender Umsetzung der geplanten Vorkehrungen erfolgen, sofern nicht anderweitig von einer zuständigen Stelle und, falls zutreffend, durch den Kunden genehmigt.

Die Organisation muss dokumentierte Informationen über die Freigabe von Produkten und Dienstleistungen aufbewahren. Die dokumentierten Informationen müssen enthalten:
a) den Nachweis der Konformität mit den Annahmekriterien;
b) die Rückverfolgbarkeit zu Personen, welche die Freigabe autorisiert haben.

DIN EN 10204

4.1 Abnahmeprüfzeugnis „3.1"

Bescheinigung, herausgegeben vom Hersteller, in der er bestätigt, dass die gelieferten Erzeugnisse die in der Bestellung festgelegten Anforderungen erfüllen, mit Angabe der Prüfergebnisse.

Die Bescheinigung wird bestätigt von einem von der Fertigungsabteilung unabhängigen Abnahmebeauftragten des Herstellers.

Bild 2.4: Auszüge aus der DIN EN ISO 9001 und DIN EN 10204

Salopp gefragt: Was hat die ISO 9001 mit der EN 10204 zu tun? Oberflächlich betrachtet nichts. Denn die ISO 9001 definiert bzw. beschreibt die Anforderungen an ein Qualitätsmanagementsystem. Die EN 10204 definiert verschiedene Arten von Prüfbescheinigungen, in denen der Hersteller bestätigt, dass die gelieferten Erzeugnisse die in der Bestellung festgelegten Anforderungen erfüllen. Für die Prüfbescheinigungen gibt es auch eine spezifische ISO-Norm, nämlich die ISO 10474, welche exakt der EN 10204 entspricht.

Es gibt aber natürlich Gemeinsamkeiten zwischen diesen beiden Normen, wie schon in Kapitel 2.3 „Auswirkungen der Verpflichtungen durch Prüfbescheinigungen auf den Geschäfts- und Produktionsprozess bei spezifischen Prüfungen" geschildert. Im Grunde genommen stellt ein funktionierendes QM-System gemäß ISO 9001 die Grundvoraussetzung zur Erstellung von Prüfbescheinigungen dar. Exemplarisch beschrieben sei hier das Kapitel 8.6 „Freigabe von Produkten und Dienstleistungen" aus der ISO 9001. Gemäß diesem Kapitel muss der Nachweis über die Konformität der Produkte mit den Annahmekriterien geführt werden. Bei Prüfbescheinigungen nach

EN 10204 erfolgt dies über eine Bestätigung der Übereinstimmung mit den Vereinbarungen bei der Bestellung für die gelieferten Erzeugnisse. Des Weiteren müssen nach ISO 9001 Kapitel 8.6 die Aufzeichnungen für die Freigabe des Produkts die zuständige Person angeben. Bei der EN 10204 müssen die Abnahmeprüfzeugnisse von einem von der Fertigungsabteilung unabhängigen Abnahmebeauftragten des Herstellers bestätigt werden.

2.7 Zusammenfassung

Entsprechend der EN 10204 dürfen Prüfbescheinigungen nur vom Hersteller ausgestellt werden. Verarbeiter werden als Hersteller betrachtet, wenn sie den metallurgischen Zustand der Werkstoffe verändern.

Aus Sicht des Herstellers kann zusammenfassend gesagt werden, dass Prüfbescheinigungen mit spezifischen Prüfungen (z. B. Abnahmeprüfzeugnis 3.1) einen hohen technischen Stellenwert besitzen, da die Prüfungen in diesem Fall an den Erzeugnissen selbst durchgeführt wurden. Die spezifischen Prüfungen werden beim Hersteller über den entsprechenden Ablauf bzw. die Organisation der Herstellungs- und Prüfschritte sichergestellt (siehe Abschnitt 2.3). All dies bedeutet Sicherheit für die gelieferten Erzeugnisse.

Ausblickend ist festzustellen, dass die Verfahrensweise für die Weitergabe von Prüfbescheinigungen in Papierform durch die IT-Weiterentwicklung mehr und mehr zurückgedrängt wird, z. B. Versand per E-Mail in Form einer PDF-Datei oder als formatierte Daten (EDI). Hierdurch erhalten die Kunden Prüfbescheinigungen schneller und können die Prüfbescheinigungen oder die Prüfdaten IT-mäßig in ihrer Organisation weiterverarbeiten (siehe Abschnitt 5). Die EN 10204 trägt auch hierzu bei, indem sie für die Aufbewahrung und Weitergabe von Prüfbescheinigungen elektronische Verfahren erlaubt.

Anhang A Beispiele für Prüfbescheinigungen

Anhang A.1
Beispiele für Prüfbescheinigungen auf der Grundlage nichtspezifischer Prüfung

Anhang A.1.1
Werksbescheinigung 2.1

Bescheinigung, in der der Hersteller bestätigt, dass die gelieferten Erzeugnisse den Anforderungen der Bestellung entsprechen, ohne Angabe von Prüfergebnissen.

DILLINGER

Erläuterungen siehe Rückseite/Explications voir au verso/See reverse for explanations (www.dillinger.de/certificate)

A02	A10 Advice of dispatch No./Date of dispatch	A08/A03 Manufacturer's order/Certificate No.	Sheet
DECLARATION OF COMPLIANCE WITH THE ORDER 2.1 AS PER EN 10204:2004 DECLARATION OF COMPLIANCE WITH THE ORDER 2.1 AS PER ISO 10474:2013	325893-08.01.09	344797-001	1

A05 Established Inspecting body	A06 Purchaser	A07.1 No.	B01 Product
DH	Final receiver	A07.2 No.	HEAVY PLATES, SHOT-BLASTED

B02/ Steel design. **DILLIDUR400V**
B03 Any suppl. requirements DILLING-E06:02

B01-B99 Description of the product

B14 Item No.	B08 Number of pieces	B09 Thickness		B10 Width MM		B11 Length	B12 Theoretical mass KG	B04 Product delivery condition	A09 Purchaser article number
01	8	16,00	x	1535	x	3935	6072	Q	P650267
02	12	16,00	x	1535	x	3935	9108	Q	P651625
03	28	16,00	x	1535	x	3935	21252	Q	P653149
***	48						36432		

B06 Marking of the product

ITEM NO.: 01-03
STEEL DESIGNATION
HEAT NO. / TRADEMARK / ROLLED PLATE NO.

D01 Marking and identification, surface appearance, shape and dimensional properties

ITEM NO.: 01-03
EXAMINATION OF MARKING, SURFACE, SHAPE AND DIMENSIONS: THE RESULTS MEET THE REQUIREMENTS.

SURFACE	AS PER EN-10163-2 CLASS A SUBCLASS 1
THICKNESS	AS PER EN-10029:91-A
LENGTH AND WIDTH	AS PER EN-10029:91
FLATNESS	AS PER EN-10029:91-T4H

A04 D H Manufacturer's mark

Z01/Z02/Z03 We hereby certify, that the above mentioned materials have been delivered in accordance with the terms of order.

B. BALDAUF

A01 **AG der Dillinger Hüttenwerke**
Postfach 1580, D-66748 Dillingen/Saar
Inspection department
Date 08.01.09 KW 1

Bild 2.5: Werksbescheinigung

Anhang A.1.2
Werkszeugnis 2.2

Bescheinigung, in welcher der Hersteller bestätigt, dass die gelieferten Erzeugnisse den Anforderungen der Bestellung entsprechen, mit Angabe von Ergebnissen nichtspezifischer Prüfungen.

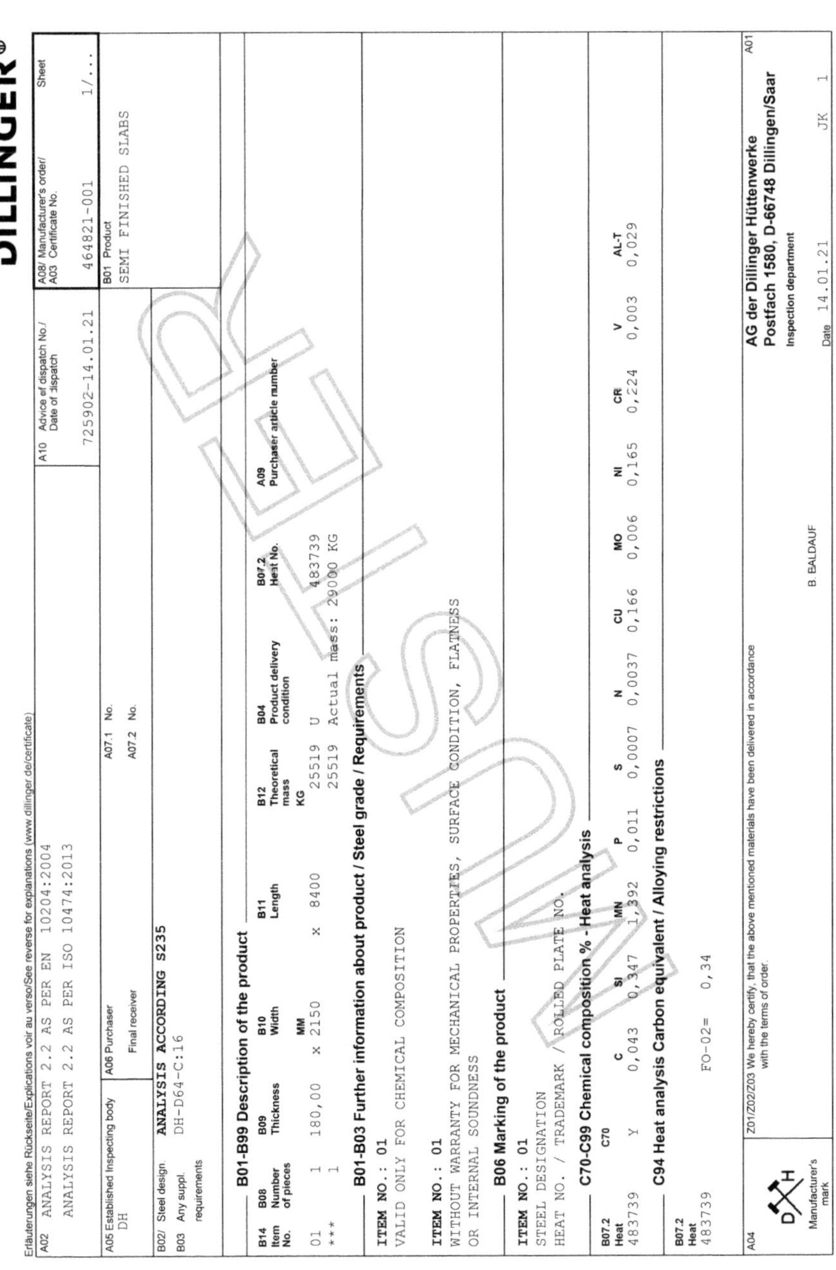

DILLINGER

Erläuterungen siehe Rückseite/Explications voir au verso/See reverse for explanations (www.dillinger.de/certificate)

A02 ANALYSIS REPORT 2.2 AS PER EN 10204:2004
ANALYSIS REPORT 2.2 AS PER ISO 10474:2013

A10 Advice of dispatch No./Date of dispatch: 725902-14.01.21

A08/A03 Manufacturer's order/Certificate No.: 464821-001 — Sheet 1/...

A05 Established Inspecting body: DH

A06 Purchaser — A07.1 No.

Final receiver — A07.2 No.

B01 Product: SEMI FINISHED SLABS

B02/ Steel design.: **ANALYSIS ACCORDING S235**

B03 Any suppl. requirements: DH-D64-C:16

B01-B99 Description of the product

B14 Item No.	B08 Number of pieces	B09 Thickness	B10 Width MM	B11 Length	B12 Theoretical mass KG	B04 Product delivery condition	B07.2 Heat No.	A09 Purchaser article number
01	1	180,00	x 2150	x 8400	25519	U	483739	
***	1				25519	Actual mass: 29000 KG		

B01-B03 Further information about product / Steel grade / Requirements

ITEM NO.: 01
VALID ONLY FOR CHEMICAL COMPOSITION

ITEM NO.: 01
WITHOUT WARRANTY FOR MECHANICAL PROPERTIES, SURFACE CONDITION, FLATNESS OR INTERNAL SOUNDNESS

B06 Marking of the product

ITEM NO.: 01
STEEL DESIGNATION
HEAT NO. / TRADEMARK / ROLLED PLATE NO.

C70-C99 Chemical composition % - Heat analysis

B07.2 Heat	C70	C	SI	MN	P	S	N	CU	MO	NI	CR	V	AL-T
483739	Y	0,043	0,347	1,392	0,011	0,0007	0,0037	0,166	0,006	0,165	0,224	0,003	0,029

C94 Heat analysis Carbon equivalent / Alloying restrictions

B07.2 Heat	
483739	FO-02= 0,34

A04 Manufacturer's mark: D H

Z01/Z02/Z03 We hereby certify, that the above mentioned materials have been delivered in accordance with the terms of order.

B. BALDAUF

A01 **AG der Dillinger Hüttenwerke**
Postfach 1580, D-66748 Dillingen/Saar
Inspection department
Date 14.01.21 JK 1

MUSTER

Bild 2.6: Werkszeugnis 2.2 als Analysenzeugnis

Anhang A.2
Beispiele für Prüfbescheinigungen auf der Grundlage spezifischer Prüfung

Anhang A.2.1
Abnahmeprüfzeugnis 3.1 (früher 3.1.B)

Bescheinigung, herausgegeben vom Hersteller, in der er bestätigt, dass die gelieferten Erzeugnisse die in der Bestellung festgelegten Anforderungen erfüllen, mit Angabe der Prüfergebnisse. Die Bescheinigung wird bestätigt von einem von der Fertigungsabteilung unabhängigen Abnahmebeauftragten (früher Werkssachverständigen) des Herstellers.

QM-System: Certification as per ISO 9001 — **DILLINGER**

Erläuterungen siehe Rückseite/Explications voir au verso/See reverse for explanations (www.dillinger.de/certificate)

A02	A10 Advice of dispatch No./ Date of dispatch	A08/ A03 Manufacturer's order/ Certificate No.	Sheet
INSPECTION CERTIFICATE 3.1 AS PER EN 10204:2004 INSPECTION CERTIFICATE 3.1 AS PER ISO 10474:2013 MATERIAL TEST REPORT (MTR)	739099-11.05.21	467702-001	1/...

A05 Established Inspecting body	A06 Purchaser	A07.1 No.	B01 Product
DH	Final receiver	A07.2 No.	HEAVY PLATES

B02/ Steel design. **LH350-2**
B03 Any suppl. requirements ARTIKELCODE:11657002-002
TLV-12309:09.03.2017

B01-B99 Description of the product

B14 Item No.	B08 Number of pieces	B09 Thickness		B10 Width MM		B11 Length	B12 Theoretical mass KG	B04 Product delivery condition	B07.2 Heat No.	B07.1 Rol.plate No./ Test No.	A09 Purchaser article number
07	1	25,00	x	2500	x	6000	2944	N	492038	67367-06	146102501
07	1	25,00	x	2500	x	6000	2944	N	492038	67387-01	146102501
07	1	25,00	x	2500	x	6000	2944	N	492038	67387-02	146102501
07	1	25,00	x	2500	x	6000	2944	N	492038	67387-04	146102501
07	1	25,00	x	2500	x	6000	2944	N	492038	67387-06	146102501
**	5						14720				
***	5						14720				

B06 Marking of the product

ITEM NO.: 07
STEEL DESIGNATION **LH350-2 S355J2+N**
HEAT NO. / TRADEMARK / ROLLED PLATE NO.-TEST NO. / INSPECTOR'S STAMP

B07-B99 Further information about the product

ITEM NO.: 07
GRAIN SIZE 7 OR FINER ACCORDING TO ISO 643

C10-C29 Tensile test

B14 Item No.	B07.2 Heat No.	B07.1 Rol.plate No./ Test No.	B05 Reference (heat) treatment	C01	C02/ C01	C03 Temp. GR.C	C10	C11 MPA REH	C12 RM	C13	A % L0=5D	C14-C15
07	492038	67367		K4	Q	RT		370	540		32	

A04	Z01/Z02/Z03			A01
DH Manufacturer's mark	We hereby certify, that the above mentioned materials have been delivered in accordance with the terms of order.	B. BALDAUF Test House Manager	AHB Inspector's stamp	AG der Dillinger Hüttenwerke Postfach 1580, D-66748 Dillingen/Saar Inspection department Date 14.05.21 JK 1

Bild 2.7: Abnahmeprüfzeugnis 3.1

QM-System: Certification as per ISO 9001 — **DILLINGER**

Erläuterungen siehe Rückseite/Explications voir au verso/See reverse for explanations (www.dillinge[illegible]certificate)

A02	A10 Advice of dispatch No./ Date of dispatch	A08/ A03 Manufacturer's order/ Certificate No.	Sheet
INSPECTION CERTIFICATE 3.1 AS PER EN 10204:2004 INSPECTION CERTIFICATE 3.1 AS PER ISO 10474:201[illegible] MATERIAL TEST REPORT (MTR)	724972-07.01.21	463108-001	1/...

A05 Established Inspecting body	A06 Purchaser	A07.1 No.	B01 Product
DH	Final receiver	A07.2 No.	HEAVY PLATES

B02/ Steel design. **S355J2+N** AD2000-W1:20
B03 Any suppl. requirements EN-10025-2:19

NF 138/08 www.marque-nf.com

B01-B99 Description of the product

B14 Item No.	B08 Number of pieces	B09 Thickness		B10 Width MM		B11 Length	B12 Theoretical mass KG	B04 Product delivery condition	B07.2 Heat No.	B07.1 Rol.plate No./ Test No.	A09 Purchaser article number
10	1	40,00	x	2500	x	6000	[illegible]710	N	487784	32334-02	
10	1	40,00	x	2500	x	6000	[illegible]710	N	487784	32334-03	
10	1	40,00	x	2500	x	6000	[illegible]710	N	487784	32334-04	
10	1	40,00	x	2500	x	6000	[illegible]710	N	487784	32334-05	
**	4						[illegible]840				
12	1	45,00	x	2500	x	6000	[illegible]299	N	487784	32356-01	
12	1	45,00	x	2500	x	6000	[illegible]299	N	487784	32356-02	
12	1	45,00	x	2500	x	6000	[illegible]299	N	487785	32357-02	
**	3						[illegible]897				
14	1	50,00	x	2500	x	6000	[illegible]888	N	487784	32359-01	
14	1	50,00	x	2500	x	6000	[illegible]888	N	487784	32359-02	
14	1	50,00	x	2500	x	6000	[illegible]888	N	487784	32359-03	
14	1	50,00	x	2500	x	6000	[illegible]888	N	487784	32360-01	
14	1	50,00	x	2500	x	6000	[illegible]888	N	487784	32360-02	
14	1	50,00	x	2500	x	6000	[illegible]888	N	487784	32360-03	
**	6						[illegible]328				
***	13						[illegible]065				

B06 Marking of the product

ITEM NO.: 10,12,14,19-20
STEEL DESIGNATION **S355J2+N**
HEAT NO. / TRADEMARK / ROLLED PLATE NO.-TEST NO. / INSPECTOR'S STAMP

A04	Z01/Z02/Z03			A01
DH Manufacturer's mark	We hereby certify, that the above mentioned materials have been delivered in accordance with the terms of order.	B. BALDAUF Test House Manager	AHB Inspector's stamp	**AG der Dillinger Hüttenwerke** **Postfach 1580, D-66748 Dillingen/Saar** **Inspection department** Date 07.01.21 EDI NF JK 1

Bild 2.8: Abnahmeprüfzeugnis 3.1 mit NF-Zeichen

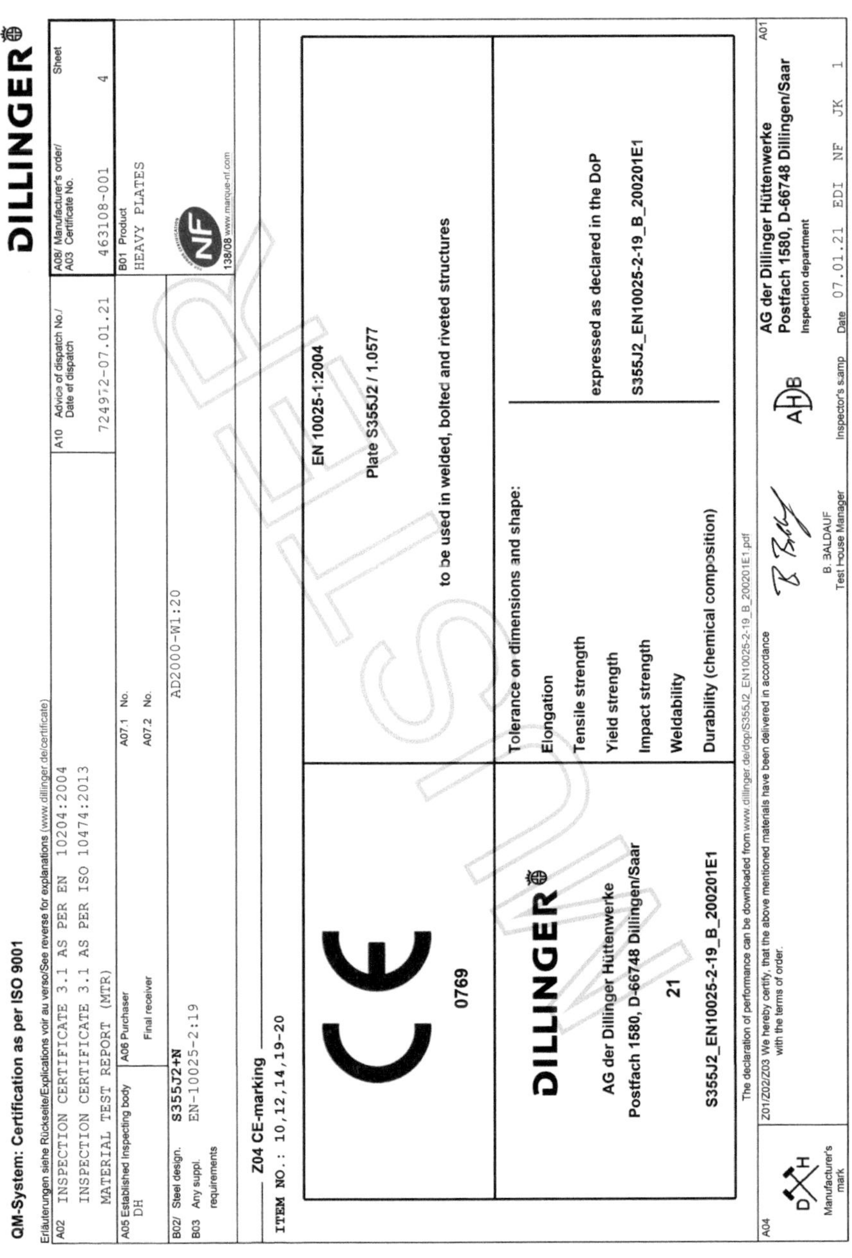

QM-System: Certification as per ISO 9001

DILLINGER®

Erläuterungen siehe Rückseite/Explications voir au verso/See reverse for explanations (www.dillinger.de/certificate)

A02 INSPECTION CERTIFICATE 3.1 AS PER EN 10204:2004
INSPECTION CERTIFICATE 3.1 AS PER ISO 10474:2013
MATERIAL TEST REPORT (MTR)

A10 Advice of dispatch No./Date of dispatch: 724972-07.01.21

A08/A03 Manufacturer's order/Certificate No.: 463108-001

Sheet: 4

A05 Established Inspecting body: DH

A06 Purchaser

Final receiver

A07.1 No.

A07.2 No.

B01 Product: HEAVY PLATES

138/08 www.marque-nf.com

B02/ Steel design.: S355J2+N

B03 Any suppl. requirements: EN-10025-2:19 AD2000-W1:20

Z04 CE-marking

ITEM NO.: 10,12,14,19-20

CE

0769

DILLINGER®

AG der Dillinger Hüttenwerke
Postfach 1580, D-66748 Dillingen/Saar

21

S355J2_EN10025-2-19_B_200201E1

EN 10025-1:2004

Plate S355J2 / 1.0577

to be used in welded, bolted and riveted structures

Tolerance on dimensions and shape:	
Elongation	
Tensile strength	expressed as declared in the DoP
Yield strength	S355J2_EN10025-2-19_B_200201E1
Impact strength	
Weldability	
Durability (chemical composition)	

The declaration of performance can be downloaded from www.dillinger.de/dop/S355J2_EN10025-2-19_B_200201E1.pdf

A04 Manufacturer's mark

Z01/Z02/Z03 We hereby certify, that the above mentioned materials have been delivered in accordance with the terms of order.

B. BALDAUF
Test House Manager

Inspector's stamp

A01 AG der Dillinger Hüttenwerke
Postfach 1580, D-66748 Dillingen/Saar
Inspection department

Date 07.01.21 EDI NF JK 1

Bild 2.9: Abnahmeprüfzeugnis 3.1 mit CE-Zeichen

Anhang A.2.2
Abnahmeprüfzeugnis 3.2 (früher Abnahmeprüfprotokoll 3.2)

Bescheinigung, in der sowohl von einem von der Fertigungsabteilung unabhängigen Abnahmebeauftragten des Herstellers als auch von dem Abnahmebeauftragten des Bestellers oder dem in den amtlichen Vorschriften genannten Abnahmebeauftragten bestätigt wird, dass die gelieferten Erzeugnisse die in der Bestellung festgelegten Anforderungen erfüllen, mit Angabe der Prüfergebnisse.

QM-System: Certification as per ISO 9001 **DILLINGER®**

Erläuterungen siehe Rückseite/Explications voir au verso/See reverse for explanations (www.dillinger.de/certificate)

A02	A10 Advice of dispatch No./ Date of dispatch	A08/ Manufacturer's order/ A03 Certificate No.	Sheet
INSPECTION CERTIFICATE 3.2 AS PER EN 10204:2004 INSPECTION CERTIFICATE 3.2 AS PER ISO 10474:2013	752324-28.09.21	470316-001	1/...

A05 Established Inspecting body	A06 Purchaser	A07.1 No.	B01 Product
VLNC	Final receiver	A07.2 No.	HEAVY PLATES

B02/ Steel design. **S355J2+N** AD2000-W1:20
B03 Any suppl. requirements EN-10025-2:19/AU12:REV.1

B01-B99 Description of the product

B14 Item No.	B08 Number of pieces	B09 Thickness	B10 Width MM	B11 Length	B12 Theoretical mass KG	B04 Product delivery condition	B07.2 Heat No.	B07.1 Rol.plate No./ Test No.	A09 Purchaser article number
02	1	45,00	x 4000	x 16000	22608	N	495512	24576-01	14702
***	1				22608				

B06 Marking of the product

ITEM NO.: 01-02
STEEL DESIGNATION **S355J2+N**
HEAT NO. / TRADEMARK / ROLLED PLATE NO.-TEST NO. / INSPECTOR'S STAMP

C10-C29 Tensile test

B14 Item No.	B07.2 Heat No.	B07.1 Rol.plate No./ Test No.	B05 Reference (heat) treatment	C01	C02/ C01	C03 Temp. GR.C	C10	C11 MPA REH	C12 RM	C13	A % L0=5D	C14-C15
02	495512	24576		K4	Q	RT		415	544		32	

C40-C49 Impact test

B14 Item No.	B07.2 Heat No.	B07.1 Rol.plate No./ Test No.	B05 Reference (heat) treatment	C01	C02/ C01	C03 Temp. GR.C	C41 Width of test piece	C40 Type of test piece	C44 Testing method	C46 Energy Joule	C45	C42 Individual values AV=J			C43 Mean value
01	495512	24523	*	K4	QO	-40		CHP-V		750	AV 2	172	178	174	175
02	495512	24576		K4	LO	-20		CHP-V		750	AV 2	237	205	231	224
				K4	QO	-40		CHP-V		750	AV 2	199	204	192	198

A04 Manufacturer's mark

Z01/Z02/Z03 We hereby certify, that the above mentioned materials have been delivered in accordance with the terms of order.

DNV GL Cert. no. 33-12085 IDHH
Multiple Grade

for DNV GL
This document has been digitally signed and will therefore not have handwritten signatures.
Stilz, Gregor
Inspector

B. BALDAUF
Test House Manager

Inspector's stamp

A01
AG der Dillinger Hüttenwerke
Postfach 1580, D-66748 Dillingen/Saar
Inspection department
Date 29.09.21 ML 1

Bild 2.10: Abnahmeprüfzeugnis 3.2

Anhang A.3 Erläuterung Prüfeinheit

Die Prüfeinheit und die Durchführung der Prüfung sind in der Erzeugnisspezifikation, den amtlichen Vorschriften und Technischen Regeln und/oder der Bestellung festgelegt.

Prüfeinheit

Prüfung je Walztafel

Kesselblech nach Europäischer Norm EN 10028-2 - Stahlsorte P265GH - Probenprüfung je Walztafel für > 50 mm Blechdicke und 15 m Länge an beiden Erzeugnisenden aus 1/4 Blechbreite: Flachzugversuch und Kerbschlagbiegeversuch

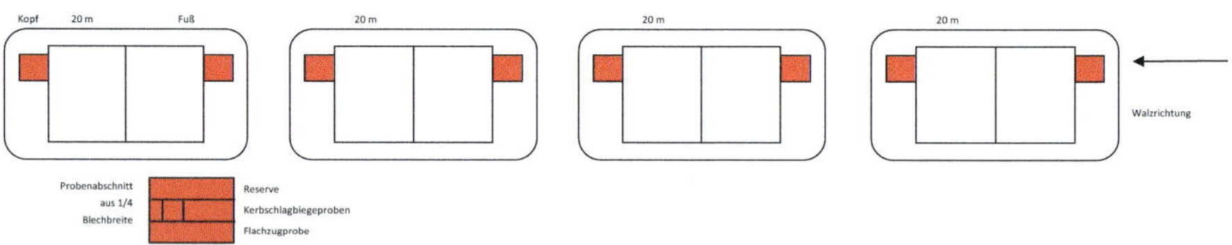

Prüfung nach Schmelzen(losen)

Baublech nach Europäischer Norm EN 10025 - Stahlsorte S355J2 - Probenprüfung je Schmelze und 60 t und Dickenbereich an einem Erzeugnisende aus 1/4 Blechbreite: Flachzugversuch und Kerbschlagbiegeversuch

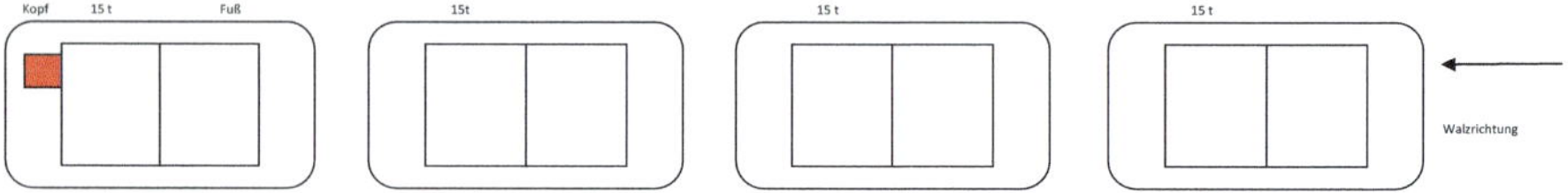

Bild 2.11: Prüfeinheit

Anhang A.4 Beispiel für Kenn-Nummern aus EN 10168 (früher EURONORM 168-86)

Gruppierung der Bezeichnungen, Angabe der Kenn-Nummern und Bezeichnungen mit Erläuterungen in Deutsch, Französisch und Englisch

Kenn-Nr. Repère Attribute	Bezeichnung, Erläuterung und mögliche Codes Désignation, explications et codes possibiles Designation, explications and possible codes
A01-A99	**Angaben zum Geschäftsvorgang** **Informations commerciales** **Commercial information**
A01	Herstellerwerk / Usine productrice / Manufacturer's works
A02	Art der Prüfbescheinigung Type de document de contrôle Type of inspection document
A03	Bescheinigungsnummer — Blatt Numéro de document — Page Document number — Sheet
A04	Zeichen des Herstellers Marque du producteur Manufacturer's mark
A05	Aussteller der Bescheinigung Auteur du document Originator of the document
A06	Besteller / Empfänger Acheteur / Destinataire Purchaser / Consignee
A07.1	Kundenbestellnummer und gegebenfalls Positionsnummer Numéro de la commande du client et numéro du poste de commande si applicable Purchaser order number, and where applicable, item number
A07.2	Empfängerreferenz / Référence destinataire / Receiver reference
A08	Werksauftragsnummer Numéro de la commande de l'usine productrice Manufacturer's works order number
A09	Artikelnummer des Kunden Numéro d'article du client Purchaser article number
A10	Versandanzeige-Nr. — Versanddatum Avis d'expédition du client — Date d'expédition Advice of dispatch No. — date of dispatch
B01-B99	**Beschreibung des Erzeugnisses** **Description du produit** **Description of the product**
B01	Erzeugnis / Produit / Product
B02	Stahlbezeichnung / Désignation de l'acier / Steel designation
B03	Zusätzliche Anforderungen Prescriptions supplémentaires Any supplementary requirements
B04	Lieferzustand des Erzeugnisses Etat de livraison du produit Product delivery condition
B05	Referenz(wärme)behandlung von Probenabschnitten Traitement (thermique) de référence des échantillons Reference (heat) treatment of samples
B04/B05	U Walzzustand / Brut de laminage / As rolled — N Normalisiert / Normalisé / Normalized
	TM Thermomechanisch gewalzt / Laminage themomécanique / Thermomechanically rolled — Q Gehärtet / Trempé / Quenched
	AC Beschleunigtes Abkühlen / Refroidissement accéléré / Accelerated cooling — A Anlassen / Revenu / Tempered
	S Spannungsarm geglüht / Détensionné / Stress relieved — C Step cooling / Step cooling / Step cooling
	LT.SPEC Laut Spezifikation / Selon spécification / According specification — G Weichgeglüht / Adouci par recuit / Soft annealed
B04/B05	Wärmebehandlungbedingungen Conditions du traitement thermique Heat treatment conditions
	AH-T Aufheiztemperatur / Temp. d'enfournement / Starting temperature — AH-V Aufheizgeschw. / Vitesse de chauffage / Heating rate
B04/B05	HT Haltetemperatur / Temp. de maintien / Holding temperature — HD Haltedauer / Durée de maintien / Holding time
	AK-T Abkühltemperatur / Temp. de fin de refroidissement / Final cooling temperature — AK-V Abkühlgeschw. / Vitesse de refroidis. / Cooling rate
	AM Abkühlmedium / Fluide de refroidissement / Cooling medium
	L Luft/Air/Air W Wasser/Eau/Water O Öl/Huile/Oil
B06	Kennzeichnung des Erzeugnisses Marquage du produit Marking of the product
B07	Identifizierung des Erzeugnisses Identification du produit Identification of the product
B07.1	Walztafel- /Proben-Nr. -xx Einzel-Blech-Nr. No. tôle mère / No. d'essai -xx No. tôle fille Rolled plate No. / Test No. -xx Single-Plate No.
B07.2	Schmelzen-Nr. / No. de coulée / Heat No.
B08	Stückzahl / Nombre de pièces / Number of pieces
B09-B11	Maße der Erzeugnisse / Dimensions du produit / Product dimensions Dicke X Breite X Länge Epaisseur X Largeur X Longueur Thickness X Width X Length
B12	Theoretische Masse / Masse theorique / Theoretical mass
B13	Ist-Masse / Masse effective / Actual mass
B14	Positions-Nr. / Poste No. / Item No.
B17	PE = Nr. der Prüfeinheit innerhalb einer Walztafel PE = No. d'unité d'essai dans une tôle mère PE = No. of test unit within a rolled plate (Bei gequetteten Blechen entspricht die PE der Wärmebehandlungseinheit.) (Pour les tôles réalisées par un traitement de trempe, PE correspond à l'unité de traitement thermique.) (For quenched plates, PE represents the heat treatment unit.)
C01-C99	**Angaben zur Probennahme und Prüfung** **Informations sur la localisation et essais des éprouvettes** **Information about sampling and testing**
C01	Lage des Probenabschnittes Emplacement du prélèvement des éprouvettes Location of the sample
	Probenentnahmeort in Bezug zur Erzeugnislänge Prélèvement par rapport à la longueur du produit Location of test sample against length of product
	K Kopf / Tête / Top — M in halber Länge / à mi-longueur / At mid-length — F Fuß / Pied / Bottom
	Probenentnahmeort in Bezug zur Erzeugnisbreite Prélèvement par rapport à la largeur du produit Location of test sample against width of product
	1 Links am Rand / En rive gauche / On the left edge — 2 In der Mitte / à mi-largeur / At mid-width
	4 Einviertel Breite / Au quart de la largeur / One fourth of the width — 7 Dreiviertel Breite / Au trois quarts de la largeur / Three fourthes of the width
	9 Rechts am Rand / En rive droite / On the right edge — Laut Spezifikation / Selon spécification / According specification
	Probenentnahmeort in Bezug zur Erzeugnisdicke Prélèvement par rapport à l'épaisseur du produit Location of test sample against thickness of product
	O Oberflächennähe/Oberseite / Près de la peau/Face supérieure / Sub surface/Topside — U Oberflächennähe/Unterseite / Près de la peau/Face inférieure / Sub surface/Underside

Bild 2.12: Gruppierung der Bezeichnung, Angabe von Kenn-Nummern und Bezeichnungen mit Erläuterungen auf der Rückseite der Prüfbescheinigung abgedruckt

Kenn-Nr. Repère Attribute	Bezeichnung, Erläuterung und mögliche Codes Désignation, explications et codes possibiles Designation, explications and possible codes
	M Mitte W:3/4 D:1/3 V:1/4 F:1/5 Dicke Coeur S:1/6 A:1/8 Z:1/10 Epaisseur Middle Thickness X mm unter der Oberfläche / mm sous la peau / mm under surface Y mm über der Unterseite/mm au dessus face inferieure/mm over underside
C02	Probenentnahmeort in Bezug zur Hauptwalzricht. / Ebene Orient. des éprouv. par rapp. au sens de laminage/surface Specimen orient. against main rolling direction / surface L Längs Q Quer S Senkrecht Long Travers Travers court Longitudinal Transversal Vertical
C03	Temp. Prüftemperatur C Celsius RT Raumtemperatur Temp. de l'essai K Kelvin Temp. ambiante Test temperature F Fahrenheit Room temperature
C10-C29	**Angaben zum Zugversuch** **Informations sur l'essai de traction** **Information about tensile test**
C10	Probenform / Forme de l'éprouvette / Shape of test piece C Zylindrisch P Prismatisch Cylindrique Prismatique Cylindric Prismatic
C11	R_e Streckgrenze REH, REL, Dehngrenze RP02, RT05 Limite d'élasticité Yield strength
C12	R_m Zugfestigkeit/Résistance a la traction/Tensile strength
C13	A Bruchdehnung Allongement après rupture Elongation after fracture L_O Meßlänge / Longueur entre repères / Gauge length 50 mm, 200 mm, 2IN, 8IN (IN= Zoll, pouces, inches) 5D☐ = 5,65 x $\sqrt{S_0}$, 10D☐ = 11,3 x $\sqrt{S_0}$ S_o Anfangsquerschnitt Section initiale Original cross section Ae Lüdersdehnung / Allongement Lüders / Lüders elongation Ag Gleichmassdehnung / Allongement / Elongation Agt Gesamtdehnung / Allongement total / total elongation
C14-C15	R_e/R_m Streckgrenzenverhältnis / Rapport E/R / Yield to tensile ratio N Qualitätsindex N1: $R_m/10 + 2{,}2A$ Indice de qualité N2: $R_m/10 \cdot A$ Quality index N3: $R_m \cdot A$ N4: $R_m \cdot (A\text{-}2)$ Z Brucheinschnürung / Striction / Red. of area
C30-C39	**Angaben zur Härteprüfung** **Informations sur l'essai de dureté** **Information about hardness test**
C30	Prüfverfahren / Méthode d'essai / Method of test
C35	Kennwert / Critères / Criteria HB Brinell Härte HV Vickershärte HR Rockwellhärte Dureté Brinell Dureté Vickers Dureté Rockwell Brinell hardness Vickers hardness Rockwell hardness
C40-C49	**Angaben zur Kerbschlagbiegeversuch** **Informations sur l'essai de résilience** **Information about impact test**
C40	Probenform / Type de l'éprouvette / Typ of test piece
C41	Probenbreite - Vollprobe (10x10 mm) sofern nicht anders angegeben. Largeur de l'éprouvette-Barreau stand. (10x10 mm) sauf spéc. contraire. Width of test piece - Full size (10x10 mm) unless otherwise specified.
C45	Kennwert der Kerbschlagprüfung / Radius Hammerfinne (mm) Critères de l'essai de résilience / Rayon du couteau (mm) Impact testing criteria / Striker radius (mm) AV Kerbschlagarbeit AK Kerbschlagzähigkeit Energie absorbée Résilience Absorbed energy Absorbed energy per cross sectional area LE Seitliche Breitung KR Kristallinität DU Duktilität Expansion latérale Cristallinité Ductilité Lateral expansion Crystallinity Ductility

Kenn-Nr. Repère Attribute	Bezeichnung, Erläuterung und mögliche Codes Désignation, explications et codes possibiles Designation, explications and possible codes
C46	Max. Energie Pendelschlagwerk Energie max. Mouton-pendule max. energy Pendulum impact testing machine
C50-C52	**Angaben zum Faltversuch** **Informations sur l'essai de pliage** **Information about bend test**
C51	Dorndurchmesser / Diametre du mandrin / Diameter of bold
C52	Biegewinkel / Angle de pliage / Bending angle
C60-C65	**Angaben zum BDWT-Test** **Informations sur essai BDWT** **Information about BDWT Test**
C65	Kennwert / Critères / Criteria KR Kristallinität DU Duktilität Cristallinité Ductilité Crystallinity Ductility
C66-C68	Ergebnisse von sonstigen Prüfungen an Proben Résultats d'essais supplémentaires sur échantillons Results from supplementary tests on test samples
C69	**Angaben zum Aufschweissbiegeversuch** **Inform. sur l'essai de pliage sur cordon de soudure déposé** **Information about weld bead bend test**
C69	Prüfnorm / Norme d'essai / Testing rule
C31/C42/C61	Einzelwerte / Valeurs individuelles / Individual values
C32/C43/C62	Mittelwert / Valeur moyenne / Mean value
C33/C44/C63	Ergänzende Angaben zu Probenform / Prüfverfahren Inform. supplém. sur le type d'épouvette / méth. d'essais Further inform. about type of specimen / testing method
C10-C69	* Das Prüfblech ist nicht Bestandteil der Lieferung. Tôle testée ne faisant pas partie de la livraison. Test plate is not part of the delivery.
C70	Stahlherstellungsverfahren Mode d'élaboration de l'acier Steelmaking process Y Sauerstoff-Aufblasverfahren E Elektroofen Elaboration à l'oxygène pur Four éléctrique Basic oxygen process Electric furnace
C71-C92	Chemische Zusammensetzung Composition chimique Chemical composition
C93	Gießart / Méthode de coulée / Casting method
C94	FO Formel C-Äquivalent / Legierungsbegrenzung Formule carbone équivalent / limitation d'alliage Formula carbon equivalent / alloying restrictions
C95	Schmelzenbehandlung Traitement de la coulée Ladle treatment
D01-D99	**Angaben zu Prüfungen am Erzeugnis** **Information sur le contrôle du produit** **Information about testing and inspection on product**
D01	Kennzeichnung, Identifizierung, Oberfläche, Form und Maße Marquage et identification, aspect de surface, forme et caractéristiques dimensionnelles Marking and identification, surface appearence, shape and dimensional properties
D02	Zerstörungsfreie Prüfungen Essais non destructifs Non-destructive tests
Z01-Z99	**Bestätigungen / Confirmations / Confirmations**
Z01	Konformitätserklärung Déclaration de conformite Statement of compliance
Z02	Datum der Ausstellung und Bestätigung Date d'émission et validation Date of issue and validation
Z03	Stempel des (der) Abnahmebeauftragten Poinçon du contrôleur Stamp of the inspection representative
Z04	Ce-Zeichen / Marquage CE / CE marking

Bild 2.13: Gruppierung der Bezeichnung, Angabe von Kenn-Nummern und Bezeichnungen mit Erläuterungen auf der Rückseite der Prüfbescheinigung abgedruckt (fortgeführt)

3 Anwendung und Bedeutung der DIN EN 10204 im Bereich Kunststoffe

Dipl.-Ing. Wolfram Hanke SKZ (Süddeutsches Kunststoff-Zentrum)

3.1 Anwendung

Bis zum Erscheinen der EN 10204 im Jahre 1995 gab es so gut wie keine Spezifikationen hinsichtlich des zu liefernden Materials zwischen Herstellern/Zulieferern und Verarbeitern von Kunststoffen. Zwar existierten für jeden Bereich Qualitätsanforderungen und Technische Lieferbedingungen, diese bezogen sich aber lediglich auf das zu liefernde Endprodukt.

Entweder bezog man sich bei den Materialien auf – vom Hersteller/Zulieferer erstellten – Lieferbedingungen oder allgemein gehaltene Datenblätter der Materialhersteller.

Erst nach der Einführung von Erzeugnisspezifikationen – basierend auf nationalen und internationalen Produktnormen – rückte die Material- bzw. die Prüfbescheinigung zunehmend in den Vordergrund.

Diese Bescheinigungen wurden den Abnehmern/Verarbeitern der Kunststoffe in Form von Prüfberichten zu spezifischen Eigenschaften des Materials oder als Analysezertifikate (Certificate of Analysis) zur Verfügung gestellt. Allerdings bezogen sich die Prüfberichte lediglich auf das zum Zeitpunkt der Prüfung vorliegende Material und auch die Analysezertifikate mussten sich nicht auf die Eigenschaften des ausgelieferten Produkts beziehen.

Die Anwendung der EN 10204 war – obwohl bereits 1995 erschienen – den meisten Herstellern und speziell den Abnehmern bis zum Erscheinen in unterschiedlichen Regelwerken und Zertifizierungsprogrammen größtenteils unbekannt.

Der Hauptgrund hierfür lässt sich leicht am (irreführenden) Titel „Metallische Erzeugnisse“ der EN 10204 ableiten. Auch der Einführungsbeitrag zur DIN EN 10204, in dem von „allen metallischen Erzeugnissen, wie z. B. Blechen, Feinblechen, Stangen, Schmiedestücken, Gussstücken, nahtlosen und geschweißten Rohren“ die Rede ist, lässt diese Norm für den Kunststoffbereich nicht interessanter erscheinen.

Letztlich führten die erweiterten Anforderungen vonseiten der Anwender und der Hersteller zu einer vermehrten Nachfrage nach Werks- und Prüfbescheinigungen nach EN 10204.

War man anfänglich mit Werksbescheinigungen 2.1 und Werkszeugnissen 2.2 nach EN 10204 zufrieden, also mit herstellerdefinierten Übereinstimmungserklärungen und Ergebnissen aus nichtspezifischen Prüfungenzufrieden, steigerte sich der Bedarf – gerade im Bereich technischer, langlebiger Artikel – hin zu Abnahmeprüfzeugnissen 3.1 und 3.2 nach EN 10204.

Die von den Abnehmern definierten – und teilweise in Werksnormen festgelegten – Erzeugnisspezifikationen prägen heute das Bild von Prüfbescheinigungen im Kunststoffbereich.

3.2 Bedeutung von Prüfbescheinigungen im Bereich Kunststoffe

Wurden anfänglich die Prüfbescheinigungen – besonders die Werksbescheinigungen 2.1 und Werkszeugnisse 2.2 nach EN 10204 – lediglich als „Begleitzettel" zu den Lieferscheinen angesehen und gingen zusammen mit der Rechnung meist ungesehen zur Buchhaltung, hat sich dies mit den Forderungen nach Prüfbescheinigungen 3.1 und 3.2 deutlich verändert.

Zunehmend erkannte man die Bedeutung von Prüfbescheinigungen:

- Effektivere Wareneingangskontrolle.
- Verbesserung der Gleichmäßigkeit und Qualität der eigenen Produkte.

Die Materialwerte, die mithilfe der Prüfbescheinigungen durch den Kunststoff-Vertreiber bestätigt werden, richten sich nach den jeweiligen Anwendungsgebieten für das herzustellende Produkt und sind im Vorfeld zwischen Hersteller und Abnehmer zu vereinbaren. Beispielhaft sind hier zu nennen:

- Schmelze-Massefließrate (MFR) von Thermoplasten nach DIN EN ISO 1133-1;
- Dichte des Werkstoffes nach DIN EN ISO 1183-2, DIN EN ISO 1872-1 bzw. DIN EN ISO 2811-1;
- Rußgehalt (Carbon black content) nach ISO 6964;
- Trockenverlust nach DIN EN 12992 bzw. die Regelwerke für Gas und Wasser des DVGW;
- Thermogravimetrische Analyse (TMA) nach ISO 11359-2 und -3;
- DSC/OIT nach DIN EN ISO 11357-1 bis -6;

Typische Beispiele für Prüfbescheinigungen 3.1 im Kunststoffbereich sind in den folgenden Bildern dargestellt:

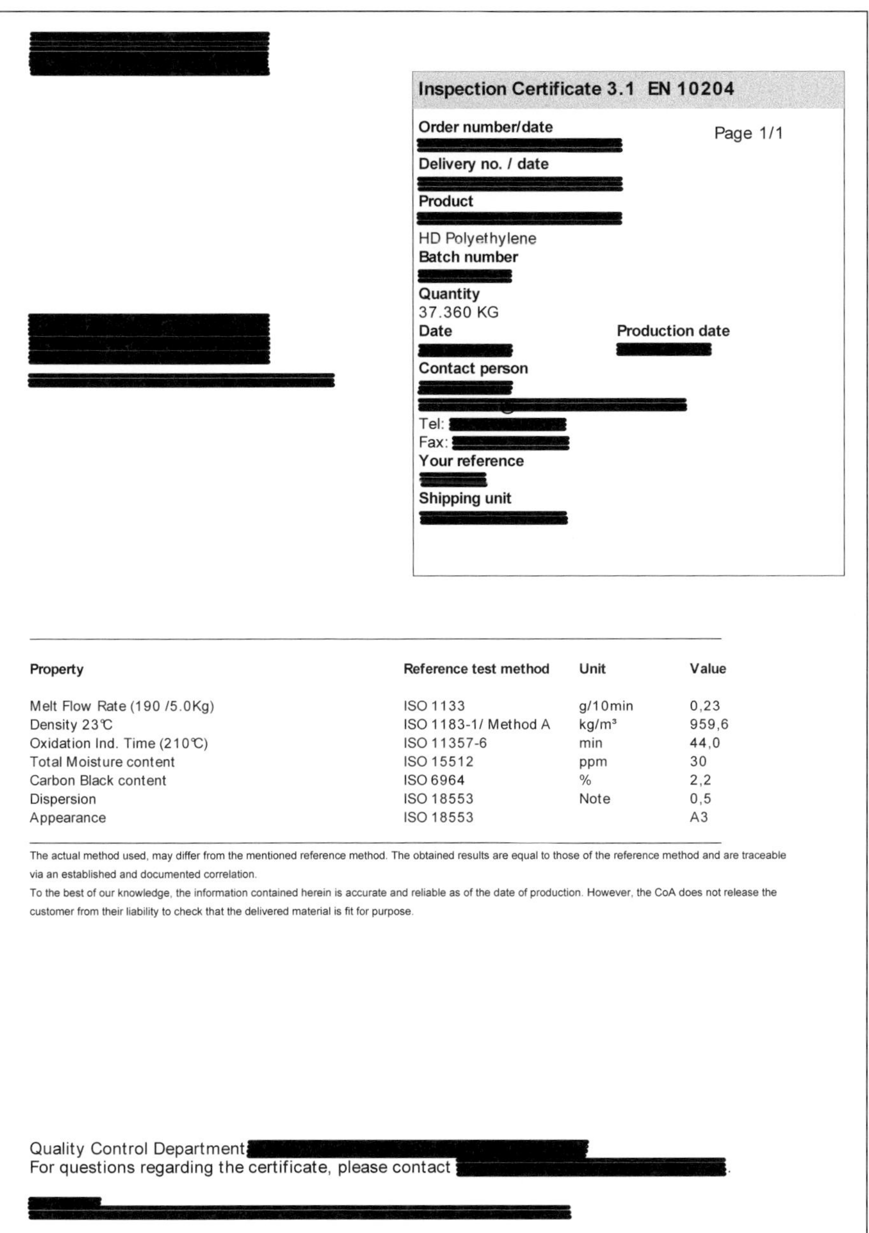

Inspection Certificate 3.1 EN 10204

Order number/date

Page 1/1

Delivery no. / date

Product

HD Polyethylene

Batch number

Quantity

37.360 KG

Date | **Production date**

Contact person

Tel:

Fax:

Your reference

Shipping unit

Property	Reference test method	Unit	Value
Melt Flow Rate (190 /5.0Kg)	ISO 1133	g/10min	0,23
Density 23℃	ISO 1183-1/ Method A	kg/m³	959,6
Oxidation Ind. Time (210℃)	ISO 11357-6	min	44,0
Total Moisture content	ISO 15512	ppm	30
Carbon Black content	ISO 6964	%	2,2
Dispersion	ISO 18553	Note	0,5
Appearance	ISO 18553		A3

The actual method used, may differ from the mentioned reference method. The obtained results are equal to those of the reference method and are traceable via an established and documented correlation.

To the best of our knowledge, the information contained herein is accurate and reliable as of the date of production. However, the CoA does not release the customer from their liability to check that the delivered material is fit for purpose.

Quality Control Department

For questions regarding the certificate, please contact .

Bild 3.1: Beispiel Prüfbescheinigung im Kunststoffbereich

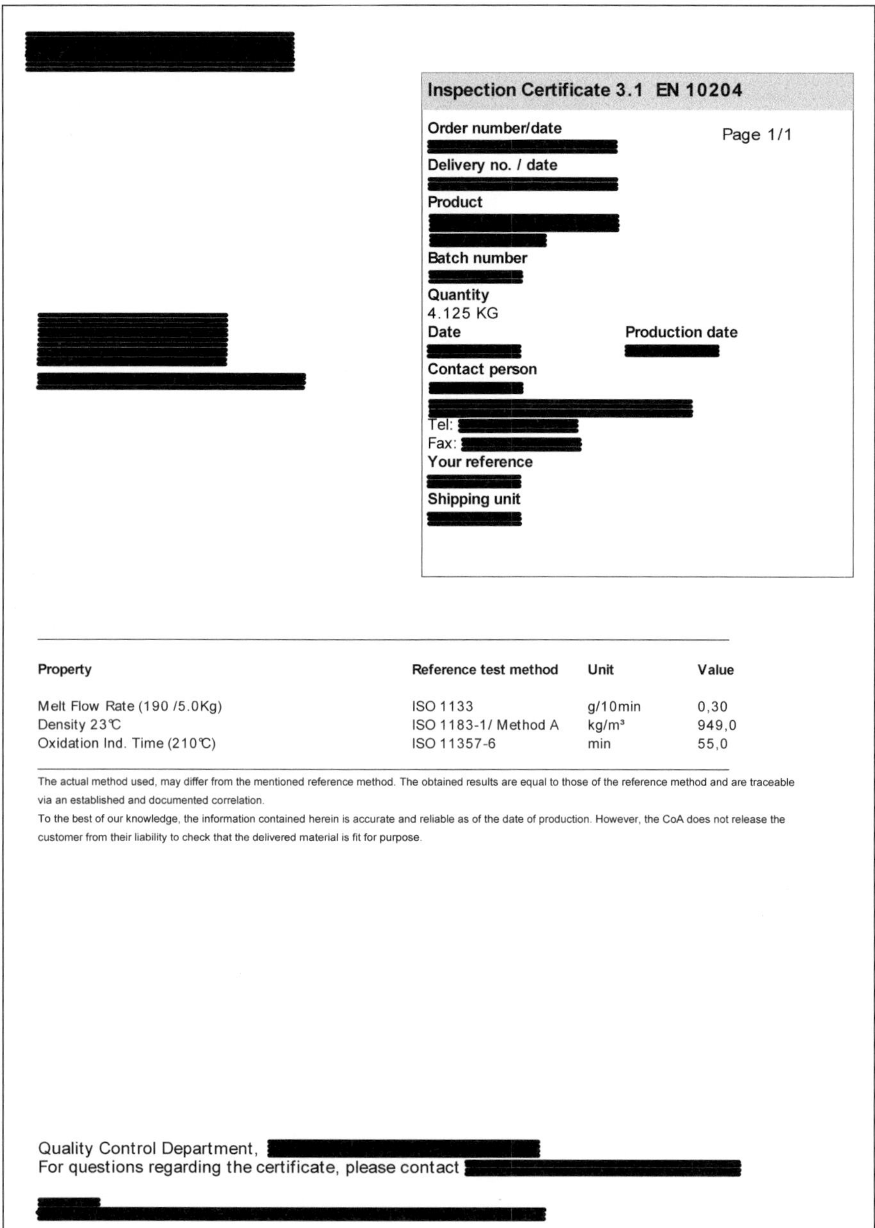

Inspection Certificate 3.1 EN 10204

Page 1/1

Order number/date

Delivery no. / date

Product

Batch number

Quantity
4.125 KG

Date **Production date**

Contact person

Tel:
Fax:

Your reference

Shipping unit

Property	Reference test method	Unit	Value
Melt Flow Rate (190 /5.0Kg)	ISO 1133	g/10min	0,30
Density 23℃	ISO 1183-1/ Method A	kg/m³	949,0
Oxidation Ind. Time (210℃)	ISO 11357-6	min	55,0

The actual method used, may differ from the mentioned reference method. The obtained results are equal to those of the reference method and are traceable via an established and documented correlation.

To the best of our knowledge, the information contained herein is accurate and reliable as of the date of production. However, the CoA does not release the customer from their liability to check that the delivered material is fit for purpose.

Quality Control Department,
For questions regarding the certificate, please contact

Bild 3.2: weiteres Beispiel Prüfbescheinigung im Kunststoffbereich

Da Prüfbescheinigungen nicht nur für die Eingangskontrolle wichtig sind, sondern auch bedeutsam für die Freigabe von angelieferten Materialien zur Weiterverarbeitung sind, wird oft die Frage nach zulässigen Toleranzen gestellt. Die naheliegendste Faustregel lautet: Die Abweichung gegenüber den vereinbarten Werten sollte nicht größer sein als in den jeweiligen Produktnormen bzw. Zertifizierungsprogrammen (ZP) festgelegt. Existieren weder Normen noch ZP für das jeweilige Endprodukt, sind die zulässigen Abweichungen im Vorfeld der Belieferung abzustimmen.

3.3 Ausblick

Die fortschreitende Normungsarbeit hat dazu geführt, dass immer mehr Produktnormen von nationalen in internationale (EN bzw. ISO) Normen überführt werden. Ein Nebeneffekt ist, dass diese (EN) ISO-Normen nahezu ausschließlich auf ISO-Normen Bezug nehmen und nationale bzw. EN-Normen immer mehr in den Hintergrund geraten bzw. in ISO-Normen nicht mehr genannt werden.

Dies gilt auch für die DIN EN 10204. So fehlt z. B. in der gesamten ISO-Normenreihe für die Kalt- und Warmwasserinstallation mit Kunststoffrohren und ihren Verbindern jeglicher Hinweis auf die DIN EN 10204!

Es mag dahingestellt sein, ob dies der einzige Grund war, die EN 10204 nicht in die EN-ISO-Reihe mit aufzunehmen, oder ob es daran gelegen hat, dass den meisten beteiligten Interessierten die EN 10204 einfach nicht bekannt war.

Mit der ISO 10474:2013, die ein Abbild der DIN EN 10204 ist, besteht die Möglichkeit, Prüfbescheinigungen wieder in diese Produktnormen zu integrieren.

4 Rechtliche Bedeutung von Prüfbescheinigungen

Prüfbescheinigungen haben eine rechtliche Bedeutung. Sie zu untersuchen erfordert es, das Recht der Produktsicherheit, das Recht der Produkthaftung und das Recht der Mängelhaftung (Gewährleistung) in seinen Grundzügen darzustellen. Hierbei wird jeweils zwischen dem Recht der Europäischen Union und dem der Bundesrepublik Deutschland unterschieden, weil vor allem im Bereich der Produktsicherheit das nationale Recht nicht ohne das europäische Recht erfasst und angewendet werden kann.

Aus der rechtlichen Bedeutung von Prüfbescheinigungen lassen sich Empfehlungen für die Praxis ableiten.

4.1 Produktsicherheitsrecht – Anforderungen an die Sicherheit von Produkten

Das Produktsicherheitsrecht regelt die Anforderungen an die Sicherheit von Produkten, deren Einhaltung Voraussetzung für ihre Bereitstellung auf dem Markt, für ihr Inverkehrbringen ist. Für bestimmte Produkte – wie zum Beispiel Bauprodukte, Druckgeräte, Maschinen und Medizinprodukte – sind diese Anforderungen durch Rechtsvorschriften der Europäischen Union (EU) einheitlich geregelt („harmonisiert"), um den freien Warenverkehr im europäischen Binnenmarkt zu gewährleisten (Harmonisierungsrechtsvorschriften). Das in der Bundesrepublik Deutschland geltende Recht, namentlich das *Produktsicherheitsgesetz (ProdSG)*, unterscheidet zwischen den Produkten, deren Anforderungen an die Sicherheit in einer Harmonisierungsrechtsvorschrift geregelt sind (§ 3 Abs. 1 ProdSG), und den anderen Produkten, das heißt: den Produkten, die – wie z. B. Möbel – nicht in den Anwendungsbereich einer Harmonisierungsrechtsvorschrift fallen (§ 3 Abs. 2 ProdSG). Im ersten Fall wird von „harmonisierten Produkten", vom „europäisch harmonisierten Produktbereich" gesprochen, im zweiten Fall von „nicht harmonisierten Produkten", vom „europäisch nicht harmonisierten Produktbereich".

4.1.1 Grundzüge und Quellen des Produktsicherheitsrechts

[Recht der Europäischen Union und dessen Durchführung oder Umsetzung in den Mitgliedstaaten] Der *Vertrag über die Europäische Union (EUV)* und der *Vertrag über die Arbeitsweise der Europäischen Union (AEUV)* sowie das von der Europäischen Union auf der Grundlage der Verträge gesetzte (Sekundär-)Recht haben Vorrang vor dem Recht der Mitgliedstaaten. Dementsprechend sind die Rechtsakte der Europäischen Union in den Mitgliedstaaten vorrangig anzuwenden. Zu den Rechtsakten gehören **Verordnungen** und **Richtlinien**, die sich hinsichtlich ihrer Geltung unterscheiden: Eine Verordnung gilt in jedem Mitgliedstaat unmittelbar, sodass der Mitgliedstaat durch Gesetz oder Rechtsverordnung lediglich deren **Durchführung** regelt. Demgegenüber bedarf eine Richtlinie der **Umsetzung** in das Recht des Mitgliedstaats, um Geltung zu erlangen, weil eine Richtlinie nicht unmittelbar gilt; die Umsetzung erfolgt durch Gesetz oder Rechtsverordnung des jeweiligen Mitgliedstaats.

[Harmonisierte Produkte, Verbraucherprodukte und sonstige Produkte] Wegen des Vorrangs des Rechts der Europäischen Union ist es den Mitgliedstaaten verwehrt, im europäisch harmonisierten Produktbereich über die einheitlich geregelten Anforderungen hinausgehende, zusätzliche Anforderungen an **(harmonisierte) Produkte** zu stellen. Neben den (bereichsspezifischen) Harmonisierungsrechtsvorschriften, die besondere Anforderungen an die Sicherheit harmonisierter Produkte regeln, hat die Europäische Union die *Richtlinie 2001/95/EG über die allgemeine Sicherheit von Produkten* erlassen, welche für Produkte, die für Verbraucher bestimmt sind oder von diesen benutzt werden (**Verbraucherprodukte**), eine allgemeine Sicherheitsanforderung beschreibt. Das zur Umsetzung dieser Richtlinie in der Bundesrepublik Deutschland erlassene *Produktsicherheitsgesetz (ProdSG)* gilt indes für sämtliche Arten von Produkten: Das Gesetz findet Anwendung auf diejenigen (harmonisierten) Produkte, auf welche eine Harmonisierungsrechtsvorschrift anwendbar ist (mit Ausnahme der Medizinprodukte), als auch auf Verbraucherprodukte, auf welche die *Richtlinie 2001/95/EG* anwendbar ist, als auch auf **sonstige (Nicht-Verbraucher-)Produkte**.

a) Recht der Europäischen Union

[Harmonisierungsrechtsvorschriften] Die Europäische Union (EU) und ihre Rechtsvorgängerin, die Europäische Gemeinschaft (EG), haben eine Vielzahl von Rechtsakten erlassen, welche Anforderungen an die Sicherheit von Produkten regeln. Für bestimmte Produkte hat die Europäische Union (bereichsspezifische) **Harmonisierungsrechtsvorschriften** – wie z.B. die *Richtlinie 2006/42/EG* zu Maschinen, die *Verordnung (EU) Nr. 305/2011* zu Bauprodukten, die *Richtlinie 2014/67/EG zu Druckgeräten* und die *Verordnung (EU) 2017/745* zu Medizinprodukten – erlassen.

[Richtlinie 2001/95/EG über die allgemeine Produktsicherheit] Neben den (bereichsspezifischen) Harmonisierungsrechtsvorschriften hat die Europäische Union die *Richtlinie 2001/95/EG über die allgemeine Sicherheit von Produkten* erlassen. Diese beschreibt für Produkte, die für Verbraucher bestimmt sind oder von diesen benutzt werden (**Verbraucherprodukte**), eine **allgemeine Sicherheitsanforderung** und regelt Kriterien für die Beurteilung, ob ein (Verbraucher-)Produkt dieser Anforderung entspricht. Am 30. Juni 2021 hat die Europäische Kommission den Vorschlag für eine *Verordnung über die allgemeine Produktsicherheit* vorgelegt, die an die Stelle der Richtlinie 2001/95/EG treten soll.

[Verordnung (EG) Nr. 765/2008 zur Akkreditierung] Die *Verordnung (EG) Nr. 765/2008 des Europäischen Parlaments und des Rates über die Vorschriften für die Akkreditierung und Marktüberwachung im Zusammenhang mit der Vermarktung von Produkten und zur Aufhebung der Verordnung (EWG) Nr. 339/93 des Rates* ist durch die *Verordnung (EU) 2019/1020 über die Marktüberwachung und die Konformität von Produkten* geändert worden: Die Vorschriften zur Marktüberwachung sind aufgehoben worden, ihr Titel ist geändert worden in *Verordnung (EG) Nr. 765/2008 des Europäischen Parlaments und des Rats über die Vorschriften für die Akkreditierung und zur Aufhebung der Verordnung (EWG) Nr. 339/93*. Die Verordnung enthält nunmehr Vorschriften zur Organisation und Durchführung der **Akkreditierung von Konformitätsbewertungsstellen** sowie allgemeine Grundsätze zur CE-Kennzeichnung.

[Verordnung (EU) Nr. 1025/2012 zur europäischen Normung] Die *Verordnung (EU) Nr. 1025/2012 des Europäischen Parlaments und des Rates zur europäischen Normung, zur Änderung der Richtlinien 89/686/EWG und 93/15/EWG des Rates sowie der Richtlinien 94/9/EG, 94/25/EG, 97/23/EG, 98/34/EG, 2004/22/EG, 2007/23/EG, 2009/32/EG und 2009/105/EG des Europäischen Parlaments und des Rates und zur Aufhebung des Beschlusses 87/95/EWG des Rates und des Beschlusses Nr. 1673/2006/EG des Europäischen Parlaments und des Rates* enthält Vorschriften für die Erarbeitung und Annahme europäischer Normen und harmonisierter Normen: **Europäische Normen** sind Normen, die von einer europäischen Normungsorganisation – CEN (Europäisches Komitee für Normung), CENELEC (Europäisches Komitee für elektrotechnische Normung) oder ETSI (Europäisches Institut für Telekommunikationsnormen) – angenommen wurden. **Harmonisierte Normen** sind europäische Normen, die auf der Grundlage eines Auftrags der Kommission zur Durchführung von Harmonisierungsrechtsvorschriften angenommen wurden.

[Verordnung (EU) 2019/1020 über Marktüberwachung und Konformität von Produkten] Die *Verordnung (EU) 2019/1020 über Marktüberwachung und die Konformität von Produkten sowie zur Änderung der Richtlinie 2004/42/EG und der Verordnungen (EG) Nr. 765/2008 und (EU) Nr. 305/2011* gilt (weitgehend) nur für diejenigen (harmonisierten) Produkte, die den (bereichsspezifischen) Harmonisierungsrechtsvorschriften unterliegen. Sie regelt

Aufgaben und Unterstützung von Wirtschaftsakteuren sowie Organisation und Zusammenarbeit der **Marktüberwachungsbehörden** und deren **Befugnisse**, namentlich Marktüberwachungsmaßnahmen.

b) Recht der Bundesrepublik Deutschland

[Rechtsvorschriften zur Durchführung und Umsetzung der Harmonisierungsrechtsvorschriften] Zur **Durchführung** und **Umsetzung** der (bereichsspezifischen) **Harmonisierungsrechtsvorschriften** der Europäischen Union, die besondere Anforderungen an die Sicherheit harmonisierter Produkte regeln, sind in der Bundesrepublik Deutschland Gesetze und Rechtsverordnungen erlassen worden: Zur Durchführung einiger Verordnungen hat der Bund Gesetze – wie z. B. das *Bauproduktengesetz (BauPG)* und das *Medizinprodukterecht-Durchführungsgesetz (MPDG)* – erlassen. Einige Richtlinien sind durch Rechtsverordnungen auf der Grundlage des *Produktsicherheitsgesetzes (ProdSG)* in deutsches Recht umgesetzt worden; als Beispiele werden hier die (auch) als *Maschinenverordnung* bezeichnete *9. Verordnung zum Produktsicherheitsgesetz* und die als *Druckgeräteverordnung* bezeichnete *14. Verordnung zum Produktsicherheitsgesetz* genannt.

[Produktsicherheitsgesetz] Zur Umsetzung der *Richtlinie 2001/95/EG über die allgemeine Sicherheit von Produkten* hat der Gesetzgeber das *Produktsicherheitsgesetz (ProdSG)* erlassen. Durch das Gesetz zur Anpassung des Produktsicherheitsgesetzes *und zur Neuordnung des Rechts der überwachungsbedürftigen Anlagen* vom 27. Juli 2021 ist das Gesetz über die Bereitstellung von Produkten auf dem Markt (Produktsicherheitsgesetz – ProdSG) neu erlassen worden. Das *Produktsicherheitsgesetz (ProdSG)* gilt – insoweit über die *Richtlinie 2001/95/EG*, welche (nur) für Verbraucherprodukte eine allgemeine Sicherheitsanforderung beschreibt, hinausgehend – für sämtliche Arten von Produkten: Das Gesetz findet Anwendung auf diejenigen (**harmonisierten**) **Produkte**, auf welche eine Harmonisierungsrechtsvorschrift anwendbar ist (mit Ausnahme der Medizinprodukte), als auch auf **Verbraucherprodukte**, auf welche die *Richtlinie 2001/95/EG* anwendbar ist, als auch auf **sonstige** (**Nicht-Verbraucher-**)**Produkte**. In seinem zweiten Abschnitt regelt das Gesetz Anforderungen an die Bereitstellung von Produkten auf dem Markt und die CE-Kennzeichnung; das Gesetz unterscheidet zwischen harmonisierten Produkten (§ 3 Abs. 1 ProdSG) und nicht harmonisierten Produkten (§ 3 Abs. 2 ProdSG) und enthält besondere Vorschriften für Verbraucherprodukte (§ 6 ProdSG). Der dritte Abschnitt enthält Bestimmungen über die Befugnis erteilende Behörde, der vierte über die Notifizierung von Konformitätsbewertungsstellen, der fünfte über das GS-Zeichen, der sechste über die Bundesanstalt für Arbeitsschutz und Arbeitsmedizin, während der siebte Abschnitt Straf- und Bußgeldvorschriften enthält.

[Akkreditierungsstellengesetz] Im Hinblick auf den – an jeden Mitgliedstaat der Europäischen Union gerichteten – Auftrag, eine einzige nationale Akkreditierungsstelle zu benennen, hat der deutsche Gesetzgeber das *Gesetz über die Akkreditierungsstelle (Akkreditierungsstellengesetz – AkkStelleG)* erlassen: Die **Akkreditierung** wird als hoheitliche Aufgabe des Bundes durch die (nationale) Akkreditierungsstelle durchgeführt. Durch *Verordnung über die Beleihung der Akkreditierungsstelle nach dem Akkreditierungsstellengesetz (AkkStelleG-Beleihungsverordnung – AkkStelleGBV)* wird die Deutsche Akkreditierungsstelle GmbH mit den Aufgaben der nationalen Akkreditierungsstelle beliehen.

[Marktüberwachungsgesetz] Zur Durchführung der *Verordnung (EU) 2019/1020 über Marktüberwachung und die Konformität von Produkten* in der Bundesrepublik Deutschland hat der Gesetzgeber das *Gesetz zur Marktüberwachung und zur Sicherstellung der Konformität von Produkten (Marktüberwachungsgesetz – MÜG)* vom 9. Juni 2021 erlassen. Bis zu seinem Inkrafttreten waren die Vorschriften zur Marktüberwachung in der Bundesrepublik Deutschland im *Produktsicherheitsgesetz (ProdSG)* enthalten. Das *Marktüberwachungsgesetz (MÜG)* gilt nicht nur für die harmonisierten Produkte, auf welche die *Verordnung (EU) 2019/1020* Anwendung findet, sondern für sämtliche Arten von Produkten: Nicht nur auf harmonisierte Produkte findet das Gesetz Anwendung, sondern auch auf Verbraucherprodukte und auf sonstige (Nicht-Verbraucher-)Produkte; Letztere werden in der Begründung des Gesetzesentwurfs als „europäisch nicht geregelte B2B Produkte“ bezeichnet. Der zweite Abschnitt des *Marktüberwachungsgesetzes (MÜG)* regelt **Befugnisse** der **Marktüberwachungsbehörden**, namentlich Marktüberwachungsmaßnahmen, der dritte Abschnitt die behördliche Zusammenarbeit, der vierte Abschnitt Informations- und Meldeverfahren und der fünfte Abschnitt Sanktionen.

4.1.2 Bedeutung von Prüfbescheinigungen vor dem Hintergrund des Produktsicherheitsrechts

Prüfbescheinigungen haben Bedeutung sowohl für das Bereitstellen von Produkten auf dem Markt als auch für die (behördliche) Marktüberwachung.

a) Bedeutung für das Bereitstellen von Produkten auf dem Markt

[Konformitätsvermutung bei harmonisierten Produkten] Ein Produkt, das einer Harmonisierungsrechtsvorschrift unterliegt, darf nur dann auf dem Markt bereitgestellt werden, wenn es die darin vorgesehenen Anforderungen erfüllt und die Sicherheit und Gesundheit von Personen oder sonstige Rechtsgüter nicht gefährdet (§ 3 Abs. 1 ProdSG). Bei einem Produkt, das harmonisierten Normen, deren Fundstellen im Amtsblatt der Europäischen Union veröffentlicht sind, entspricht, wird vermutet, dass dieses Produkt den grundlegenden Sicherheits- und Gesundheitsschutzanforderungen entspricht („**Konformitätsvermutung**"; § 4 Abs. 2 ProdSG). Eine harmonisierte Norm ist eine Norm, die von einer der Normungsorganisationen CEN (Europäisches Komitee für Normung), CENELEC (Europäisches Komitee für elektrotechnische Normung) und ETSI (Europäisches Institut für Telekommunikationsnormen) im Auftrag der Europäischen Kommission angenommen worden ist (§ 2 Nr. 13 ProdSG).

BEISPIEL

Ist eine Maschine oder ein Druckgerät nach einer harmonisierten Norm, deren Fundstelle im Amtsblatt der Europäischen Union veröffentlicht worden ist, hergestellt worden, so wird davon ausgegangen, dass sie den von dieser harmonisierten Norm erfassten grundlegenden Sicherheits- und Gesundheitsschutzanforderungen entspricht (§ 3 Abs. 5 9. ProdSV bzw. § 4 Abs. 1 14. ProdSV).

Für Druckgeräte ist geregelt, dass die verwendeten Werkstoffe vorgegebenen Anforderungen entsprechen müssen und der Hersteller des Werkstoffes die Übereinstimmung mit diesen Anforderungen bescheinigt; für Druckgeräte, die entsprechend ihrem Gefahrenpotenzial einer bestimmten Kategorie zugeordnet sind, muss der Nachweis der wichtigsten drucktragenden Teile mittels einer Bescheinigung auf der Grundlage spezifischer Prüfung erfolgen (§ 5 14. ProdSV i. V. m. Ziffer 4.3 Abs. 1 und 2 des Anhangs I der Richtlinie 2014/68/EU).[1]

1 Ziffer 4.3. Abs. 1 und 2 des Anhangs I der Richtlinie 2014/68/EU lauten: „Der Hersteller eines Druckgeräts hat die geeigneten Maßnahmen zu treffen, um sicherzustellen, dass der verwendete Werkstoff den vorgegebenen Anforderungen entspricht. Insbesondere sind für die Werkstoffe vom Werkstoffhersteller ausgefertigte Unterlagen einzuholen, durch die die Übereinstimmung mit einer gegebenen Vorschrift bescheinigt wird. Für die wichtigsten drucktragenden Teile von Druckgeräten der Kategorien II, III und IV hat dies in Form einer Bescheinigung mit spezifischer Prüfung der Produkte zu erfolgen."

[Konformitätsbewertungsverfahren und -erklärung] Bevor im „harmonisierten Bereich“ ein Produkt auf dem Markt bereitgestellt werden darf, muss ein **Konformitätsbewertungsverfahren** durchgeführt werden. Art und Umfang dieses Verfahrens sind durch Richtlinien der Europäischen Union und den zu ihrer Umsetzung erlassenen Rechtsverordnungen speziell geregelt. Nach erfolgreicher Konformitätsbewertung stellt der Hersteller des Produkts eine **Konformitätserklärung** aus, deren nach außen sichtbares Zeichen die **CE-Kennzeichnung** ist. Die CE-Kennzeichnung wird am Produkt angebracht (§ 7 ProdSG).

[Konformitätsbewertungsstellen] Die Richtlinien der Europäischen Union und die zu ihrer Umsetzung erlassenen Rechtsverordnungen regeln die Tätigkeit von **Konformitätsbewertungsstellen**, insbesondere die Durchführung der Konformitätsbewertung im Einklang mit den speziell vorgeschriebenen Konformitätsbewertungsverfahren (§ 16 ProdSG). In der Bundesrepublik Deutschland erteilt die **Zentralstelle der Länder für Sicherheitstechnik** als „Befugnis erteilende Behörde“ (§§ 9 bis 11 ProdSG) einer Konformitätsbewertungsstelle die Befugnis, Konformitätsbewertungsaufgaben wahrzunehmen; Voraussetzung ist die Feststellung, dass die Konformitätsbewertungsstelle die an sie zu stellenden Anforderungen erfüllt (§ 15 Abs. 1 Satz 1 Halbsatz 1 ProdSG). Bei Vorhandensein einer Akkreditierung wird vermutet, dass die Konformitätsbewertungsstelle diese Anforderungen erfüllt (§ 14 Abs. 1 ProdSG). Die Befugnis erteilende Behörde benennt („notifiziert“) die Konformitätsbewertungsstelle der Europäischen Kommission (§ 15 Abs. 1 Satz 1 Halbsatz 2 ProdSG). Die Europäische Kommission führt ein Register der notifizierten Stellen, die auch als Benannte Stellen bezeichnet werden (englisch: notified bodies).

BEISPIEL

Der Hersteller einer Maschine muss vor dem Inverkehrbringen ein Konformitätsbewertungsverfahren durchführen, eine EG-Konformitätserklärung ausstellen und sicherstellen, dass sie der Maschine beiliegt, und die CE-Kennzeichnung anbringen (§ 3 Abs. 2 Nr. 4 bis 6 9. ProdSV). Art und Umfang des Konformitätsbewertungsverfahrens hängen von der Einstufung der Maschine in eine Kategorie und der Übereinstimmung mit den relevanten „harmonisierten Normen" ab; dementsprechend wird entweder eine interne Fertigungskontrolle, ein EG-Baumusterprüfverfahren oder eine umfassende Qualitätssicherung verlangt (§ 4 9. ProdSV i. V. m. Art. 12 und Anhang IV der Richtlinie 2006/42/EG).

Der Hersteller von Druckgeräten darf diese nur in den Verkehr bringen oder für eigene Zwecke verwenden, nachdem er ein Konformitätsbewertungsverfahren durchgeführt, eine EU-Konformitätserklärung ausgestellt und die CE-Kennzeichnung angebracht hat (§ 5 Abs. 3 14. ProdSV). Abhängig von der Einstufung des Druckgeräts in eine bestimmte Kategorie nach ihrem Gefahrenpotenzial ist die Durchführung eines bestimmten Konformitätsbewertungsverfahrens vorgeschrieben. Es werden zwölf verschiedene Verfahren („Module") unterschieden, die von der internen Fertigungskontrolle über die EU-Baumusterprüfung bis zur Einzelprüfung auf der Grundlage einer umfassenden Qualitätssicherung reichen (§ 13. ProdSV i. V. m. Art. 14 und Anhang III der Richtlinie 2014/68/EU).

[Prüfbescheinigungen über Einsatz- oder Werkstoffe] Prüfbescheinigungen über die verwendeten **Einsatz- oder Werkstoffe**, die der Hersteller dieser Einsatz- oder Werkstoffe ausstellt, ermöglichen dem Hersteller (oder der Konformitätsbewertungsstelle) eines Produkts die Durchführung des Konformitätsbewertungsverfahrens, zumindest erleichtern sie es. Für bestimmte Teile, die für die Herstellung von Druckgeräten verwendet werden, ist der Nachweis, dass die relevanten Anforderungen eingehalten werden, durch eine Prüfbescheinigung des Herstellers dieser Teile zu erbringen; diese Prüfung muss spezifisch sein.

a) Bedeutung für die (behördliche) Marktüberwachung

[Befugnisse der Marktüberwachungsbehörden] Die (behördliche) Marktüberwachung in der Bundesrepublik Deutschland richtet sich nach der *Verordnung (EU) 2019/1020 über Marktüberwachung und die Konformität von Produkten* und nach dem Gesetz *zur Marktüberwachung und zur Sicherstellung der Konformität von Produkten (Marktüberwachungsgesetz – MÜG).*

Marktüberwachungsbehörden haben insbesondere folgende **Befugnisse**: Sie dürfen die Vorlage von Dokumenten, technischen Spezifikationen, Daten und Informationen über die Konformität eines Produkts verlangen; sie dürfen die Vorlage relevanter Informationen zur Lieferkette und zu den auf dem Markt befindlichen Produktmengen von solchen Produkten verlangen, die dieselben technischen Merkmale wie das betreffende Produkt aufweisen; sie dürfen unangekündigte Inspektionen vor Ort und physische Überprüfungen von Produkten durchführen; sie dürfen Räumlichkeiten, Grundstücke und Beförderungsmittel betreten, um Nichtkonformitäten festzustellen und Beweismittel zu sichern; sie dürfen Hersteller von Produkten und andere Wirtschaftsakteure zur Ergreifung geeigneter Maßnahmen auffordern, um einen Fall von Nichtkonformität oder das Risiko zu beenden; sie dürfen Korrekturmaßnahmen ergreifen, einschließlich der Befugnis, die Bereitstellung eines Produkts auf dem Markt zu verbieten oder einzuschränken oder anzuordnen, dass das Produkt vom Markt genommen wird, wenn der Wirtschaftsakteur keine geeigneten Maßnahmen ergreift oder wenn die Nichtkonformität oder das Risiko bestehen bleibt (Art. 14 Abs. 4 der VO [EU] 2019/1020 i. V. m. § 7 Abs. 1 MÜG). Zu den **Marktüberwachungsmaßnahmen**, die im Fall einer Nichtkonformität oder eines Risikos gegenüber einem Wirtschaftsakteur angeordnet werden dürfen, gehören folgende Korrekturmaßnahmen: Herstellung der Konformität eines Produkts; Verhinderung der Bereitstellung eines Produkts auf dem Markt; Rücknahme vom Markt oder Rückruf des Produkts und Warnung der Öffentlichkeit vor dem von dem Produkt ausgehenden Risiko; Vernichtung des Produkts; Anbringung von Warnhinweisen; Warnung der von dem Risiko betroffenen Endnutzer (Art. 16 Abs. 3 der VO [EU] 2019/1020 i. V. m. § 8 Abs. 2 MÜG)

[Abwehr und Begrenzung behördlicher Maßnahmen] Prüfbescheinigungen ermöglichen dem Hersteller eines Produkts, das im Verdacht steht, nichtkonform zu sein, diesen Verdacht auszuräumen, zumindest erleichtern sie es. Mittels Prüfbescheinigungen kann der Hersteller die Lieferkette der Einsatz- oder Werkstoffe darlegen, ein Händler kann den Hersteller benennen (**Rückverfolgbarkeit**). Außerdem kann durch Prüfbescheinigungen die Menge der auf dem Markt befindlichen Produkte, welche dieselben technischen Spezifikationen aufweisen wie das nichtkonforme Produkt, eingegrenzt werden. Folglich versetzen Prüfbescheinigungen den Hersteller eines Produkts in die Lage, die Anordnung behördlicher Marktüberwachungsmaßnahmen abzuwehren oder zumindest in ihrem Umfang (auf eine Teilmenge) zu **begrenzen**.

4.2 Produkthaftungsrecht – Haftung des Herstellers für fehlerhafte Produkte

[Verhältnis des Produkthaftungsrechts zum Produktsicherheitsrecht] Das Produkthaftungsrecht regelt die Haftung des Herstellers auf Ersatz der durch fehlerhafte Produkte verursachten Schäden. Um die Rechtsvorschriften der Mitgliedstaaten über die Haftung für fehlerhafte Produkte anzugleichen, hat die Europäische Wirtschaftsgemeinschaft (EWG), Rechtsvorgängerin der Europäischen Gemeinschaft (EG) und der Europäischen Union (EU), im Jahr 1985 die *Richtlinie 85/374/EWG* erlassen, die im Jahr 1999 durch die *Richtlinie 1999/34/EG* geändert worden ist. Nach der im Jahr 2018 veröffentlichten Auffassung der Europäischen Kommission dient die Richtlinie „als Sicherheitsnetz, das die EU-Produktsicherheitsvorschriften" ergänzt, „wenn es dennoch zu Unfällen kommt."[2] Ausweislich eines im Jahr 2020 veröffentlichten Berichts verfügt die Europäische Union (EU) „in den Bereichen **Sicherheit** und **Produkthaftung** über einen robusten und zuverlässigen **Rechtsrahmen** und einen soliden Bestand an Sicherheitsstandards, die durch nationale, nicht harmonisierte Haftungsvorschriften ergänzt werden"; die Vorschriften der Produkthaftung stellen „zum einen sicher, dass Opfer eines von anderen verursachten Schadens eine Entschädigung erhalten, und zum anderen schaffen [sie] wirtschaftliche Anreize für die haftende Partei, die Verursachung eines solchen Schadens zu vermeiden."[3]

[Verhältnis des Produkthaftungsgesetzes zur deliktischen Produkthaftung] Schon vor Erlass der *Richtlinie 85/374/EWG* und des zur Umsetzung derselben ergangenen *Produkthaftungsgesetzes* (*ProdHaftG*) bestand in der Bundesrepublik Deutschland die „unmittelbare Haftung des Warenherstellers gegenüber dem Endverbraucher"[4] auf der Grundlage der im *Bürgerlichen Gesetzbuch* (*BGB*) geregelten (deliktischen) Haftung für unerlaubte Handlungen (§§ 823 ff. BGB). Diese – in der Rechtsprechung als **„deliktische Produkthaftung"** oder als **„Produzentenhaftung"** bezeichnete, im Wege der „Fortbildung des Deliktrechts" entwickelte – Haftung des Herstellers für fehlerhafte

2 Europäische Kommission, Bericht der Kommission an das Europäische Parlament, den Rat und den Europäischen Wirtschafts- und Sozialausschuss über die Anwendung der Richtlinie des Rates zur Angleichung der Rechts- und Verwaltungsvorschriften der Mitgliedstaaten über die Haftung für fehlerhafte Produkte (85/374/EWG), COM(2018) 246 final, 07.05.2018., S. 1, 9.

3 Europäische Kommission, Bericht der Kommission an das Europäische Parlament, den Rat und den Europäischen Wirtschafts- und Sozialausschuss, Bericht über die Auswirkungen künstlicher Intelligenz, des Internets der Dinge und der Robotik in Hinblick auf Sicherheit und Haftung, COM(2020) 64 final, 19.02.2020, S. 1 bzw. S. 14.

4 BGH, Urt. v. 26.11.1968 – VI ZR 212/66 („Hühnerpest"), BGHZ 51, 91, juris Rn. 18.

Produkte besteht unabhängig von der Produkthaftung eines Herstellers auf der Grundlage des *Produkthaftungsgesetzes*.

4.2.1 Grundzüge und Quellen des Produkthaftungsrechts

[Verschuldensunabhängige Produkthaftung] Die Europäische Wirtschaftsgemeinschaft (EWG), Rechtsvorgängerin der Europäischen Gemeinschaft (EG) und der Europäischen Union (EU), hat im Jahr 1985 die *Richtlinie 85/374/EWG* über die Haftung für fehlerhafte Produkte erlassen. Ihr Erlass wurde mit dem Argument begründet, dass die Unterschiedlichkeit der Produkthaftung in den Mitgliedstaaten den „Wettbewerb verfälschen, den freien Warenverkehr innerhalb des Gemeinsamen Marktes beeinträchtigen und zu einem unterschiedlichen Schutz des Verbrauchers" führen kann.[5] Die *Richtlinie 85/374/EWG* regelt eine **verschuldensunabhängige Haftung** des Herstellers, um das „unserem Zeitalter fortschreitender Technisierung eigene Problem einer gerechten Zuweisung der mit der modernen technischen Produktion verbundenen Risiken in sachgerechter Weise" zu lösen.[6] Die *Richtlinie 85/374/EWG* ist durch die im Jahr 1999 erlassene *Richtlinie 1999/34/EG* geändert worden.

[Verschuldensabhängige Produkthaftung] Die *Richtlinie 85/374/EWG* ist in der Bundesrepublik Deutschland im Jahr 1989 durch das *Produkthaftungsgesetz* (*ProdHaftG*) umgesetzt worden. Die verschuldensunabhängige Haftung für fehlerhafte Produkte nach dem *Produkthaftungsgesetz* tritt neben die im *Bürgerlichen Gesetzbuch* (*BGB*) geregelte (deliktische) Haftung für unerlaubte Handlungen (§§ 823 ff. BGB); eine deliktische Haftung für fehlerhafte Produkte setzt **schuldhaftes Verhalten** des Herstellers voraus.

a) Recht der Europäischen Union

   [Richtlinie 85/374/EWG über die Haftung für fehlerhafte Produkte] Die *Richtlinie des Rates vom 25. Juli 1985 zur Angleichung der Rechts- und Verwaltungsvorschriften der Mitgliedstaaten über die Haftung für fehlerhafte Produkte (85/374/EWG)* regelt in ihrem Art. 1 den Haftungstatbestand, nämlich die verschuldensunabhängige Haftung des Herstellers eines Produkts für den Schaden, der durch einen Fehler dieses Produkts verursacht worden ist. Art. 2 der Richtlinie bestimmt das Produkt, Art. 3 den Hersteller und Art. 6 den Fehler. Während Art. 10 der Richtlinie Beginn und Dauer der Verjährung des Anspruchs bestimmt, wird sein Erlöschen in Art. 11 geregelt: Die Verjährung des Anspruchs beträgt drei Jahre und beginnt mit dem Tag

5 Präambel Abs. 1 der Richtlinie 85/374/EWG.

6 Präambel Abs. 2 der Richtlinie 85/374/EWG.

der Kenntnis von Schaden, Fehler und Identität des Herstellers oder der Möglichkeit der Kenntnisnahme, sein Erlöschen tritt zehn Jahre nach Inverkehrbringen des Produkts ein. Art. 7 der Richtlinie regelt verschiedene Haftungsausschlüsse; im Hinblick auf den Haftungsausschluss für „Entwicklungsfehler“, das heißt: der Fehler konnte zum Zeitpunkt des Inverkehrbringens nach dem Stand von Wissenschaft und Technik nicht erkannt werden, steht es den Mitgliedstaaten frei, eine gegenteilige Regelung im nationalen Recht zu treffen (Art. 15 der Richtlinie 85/374/EWG).

[Richtlinie 1999/34/EG zur Änderung der Richtlinie 85/374/EWG] Die *Richtlinie 85/374/EWG* ist durch die *Richtlinie 1999/34/EG des Europäischen Parlaments und des Rates zur Änderung der Richtlinie 85/374/EWG des Rates zur Angleichung der Rechts- und Verwaltungsvorschriften der Mitgliedstaaten für fehlerhafte Produkte* geändert worden. Die Änderung umfasst vor allem die Definition des Produkts: Nunmehr gelten auch landwirtschaftliche Primärerzeugnisse als Produkte.

[Berichte der Europäischen Kommission] Die Europäische Kommission hat in den Jahren 1995[7], 2001[8], 2006[9], 2011[10] und 2018[11] jeweils einen Bericht über die Anwendung der Richtlinie *85/374/EWG* vorgelegt. Im Jahr 2020 hat sie einen Bericht über die Auswirkungen künstlicher Intelligenz, des Inter-

7 Kommission der Europäischen Gemeinschaften, Erster Bericht über die Anwendung der Ratsrichtlinie zur Angleichung der Rechts- und Verwaltungsvorschriften der Mitgliedstaaten über die Haftung für fehlerhafte Produkte (85/374/EWG), Kom(95) 617 endgültig, 13.12.1995.

8 Kommission der Europäischen Gemeinschaften, Bericht der Kommission über die Anwendung der Richtlinie 85/374 über die Haftung für fehlerhafte Produkte, KOM(2000), 893 endgültig, 31.01.2001.

9 Europäische Kommission, Bericht der Kommission an das Europäische Parlament, den Rat und den Europäischen Wirtschafts- und Sozialausschuss, Dritter Bericht über die Anwendung der Richtlinie 85/374/EWG des Rates zur Angleichung der Rechts- und Verwaltungsvorschriften der Mitgliedstaaten über die Haftung für fehlerhafte Produkte (85/374/EWG), geändert durch die Richtlinie 1999/34/EG des Europäischen Parlaments und des Rates vom 10. Mai 1999, KOM(2006) 496 endgültig, 14.09.2006.

10 Europäische Kommission, Bericht der Kommission an das Europäische Parlament, den Rat und den Europäischen Wirtschafts- und Sozialausschuss, Vierter Bericht über die Anwendung der Richtlinie 85/374/EWG des Rates zur Angleichung der Rechts- und Verwaltungsvorschriften der Mitgliedstaaten über die Haftung für fehlerhafte Produkte, geändert durch die Richtlinie 1999/34/EG des Europäischen Parlaments und des Rates vom 10. Mai 1999, KOM(2011) 547 endgültig, 08.09.2011.

11 Europäische Kommission, Bericht der Kommission an das Europäische Parlament, den Rat und den Europäischen Wirtschafts- und Sozialausschuss über die Anwendung der Richtlinie des Rates zur Angleichung der Rechts- und Verwaltungsvorschriften der Mitgliedstaaten über die Haftung für fehlerhafte Produkte (85/374/EWG), COM(2018) 246 final, 07.05.2018.

nets der Dinge und der Robotik in Hinblick auf Sicherheit und Haftung vorgelegt, in dem mögliche Änderungen des Haftungsrahmens angesprochen werden: Dort wird die Frage behandelt, ob wegen der gestiegenen Komplexität von Produkten und Dienstleistungen sowie der Wertschöpfungskette dem Hersteller die Darlegungs- und Beweislast für das (Nicht-)Vorliegen eines Fehlers und seiner (Nicht-)Ursächlichkeit für den Schaden auferlegt werden soll; ferner wird diskutiert, die Sicherheitserwartung nicht auf das Inverkehrbringen eines Produkts, sondern auf dessen „gesamten Lebenszyklus" auszurichten und dem Hersteller bestimmter Produkte den Abschluss einer Haftpflichtversicherung vorzuschreiben.[12]

b) Recht der Bundesrepublik Deutschland

[Produkthaftungsgesetz] Zur Umsetzung der *Richtlinie 85/374/EWG* in der Bundesrepublik Deutschland hat der Gesetzgeber das *Gesetz über die Haftung für fehlerhafte Produkte* (*Produkthaftungsgesetz – ProdHaftG*) erlassen. Während § 1 Abs. 1 ProdHaftG den Haftungstatbestand, nämlich die **verschuldensunabhängige Haftung** des Herstellers, regelt, beschreiben § 1 Abs. 2 und 3 ProdHaftG Haftungsausschlüsse, insbesondere den Haftungsausschluss für – nach dem Stand von Wissenschaft und Technik im Zeitpunkt des Inverkehrbringens nicht erkennbare – „Entwicklungsfehler" (§ 1 Abs. 2 Nr. 5 ProdHaftG). § 2 ProdHaftG bestimmt das Produkt, § 3 ProdHaftG den Fehler und § 4 ProdHaftG den Hersteller. § 12 ProdHaftG regelt Beginn und Dauer der Verjährung des Anspruchs, § 13 ProdHaftG sein Erlöschen.

[Deliktische Produkthaftung] Auf der Grundlage der im *Bürgerlichen Gesetzbuch* (*BGB*) geregelten (deliktischen) Haftung für unerlaubte Handlungen (§§ 823 ff. BGB) hat die Rechtsprechung die Haftung des Herstellers für fehlerhafte Produkte schon vor Erlass der *Richtlinie 85/374/EWG* und des zu ihrer Umsetzung ergangenen *Produkthaftungsgesetzes* anerkannt und im Wege der Rechtsfortbildung das Recht der deliktischen Produkthaftung entwickelt. Als Meilenstein gilt das *Urteil des Bundesgerichtshofs vom 26. November 1967* („Hühnerpest"): Der Hersteller muss **darlegen** und gegebenenfalls beweisen, dass ihn **kein Verschulden** trifft.[13]

12 Europäische Kommission, Bericht der Kommission an das Europäische Parlament, den Rat und den Europäischen Wirtschafts- und Sozialausschuss, Bericht über die Auswirkungen künstlicher Intelligenz, des Internets der Dinge und der Robotik in Hinblick auf Sicherheit und Haftung, COM(2020) 64 final, 19.02.2020.

13 BGH, Urt. v. 26.11.1968 – VI ZR 212/66 („Hühnerpest"), BGHZ 51, 91, juris Rn. 28; vgl. auch BGH, Urt. v. 19.11.1991 – VI ZR 171/91 („Hochzeitsessen"), BGHZ 116, 104, juris Rn. 16 ff.

„Wird jemand bei bestimmungsgemäßer Verwendung eines Industrieerzeugnisses dadurch an einem der in § 823 Abs. 1 BGB geschützten Rechtsgüter geschädigt, daß dieses Produkt fehlerhaft hergestellt war, so ist es Sache des Herstellers, die Vorgänge aufzuklären, die den Fehler verursacht haben, und dabei darzutun, daß ihn hieran kein Verschulden trifft."

[Produktbeobachtung] Im *Urteil vom 17. März 1981* hat der *Bundesgerichtshof* zur Pflicht des Herstellers nach Inverkehrbringen seines Produkts Stellung genommen: Nach Inverkehrbringen besteht eine Pflicht zur **Beobachtung** des **Produkts** und gegebenenfalls zur Reaktion auf einen – erst nach Inverkehrbringen bekannt gewordenen – Fehler.[14]

„Ein Warenhersteller kann seine Verkehrssicherungspflichten auch durch unzureichende Beobachtung seines Produkts in der praktischen Verwendung verletzen. Seine Sicherungspflichten enden nicht mit der Freigabe seiner Waren für Dritte [...]. Der Warenhersteller ist daher, vor allem bezüglich seiner aus der Massenproduktion hervorgegangenen und in Massen verbreiteten Erzeugnisse auch der Allgemeinheit gegenüber verpflichtet, diese Produkte sowohl auf noch nicht bekannte schädliche Eigenschaften hin zu beobachten als sich auch über deren sonstige, eine Gefahrenlage schaffenden Verwendungsfolgen zu informieren [...]. Er ist gehalten, laufend den Fortgang der Entwicklung von Wissenschaft und Technik auf dem einschlägigen Gebiet zu verfolgen."

[Verhältnis der Produkthaftung zur Mängelhaftung (Gewährleistung)] Zum Verhältnis zwischen deliktischer Haftung für fehlerhafte Produkte und vertraglicher (Gewährleistungs-)Haftung für mangelhafte Sachen hat der *Bundesgerichtshof im Urteil vom 18. Januar 1983* ausgeführt, dass weder die Deliktsordnung von der Vertragsordnung verdrängt wird noch die Vertragsordnung von der Deliktsordnung und dass die jeweilige Haftung ihren **eigenen Regeln** folgt.[15]

14 BGH, Urt. v. 17.03.1981 – VI ZR 286/78 („Benomyl"), BGHZ 80, 199, juris Rn. 34; vgl. auch BGH, Urt. v. 17.03.1981 – VI ZR 191/79 („Derosal"), BGHZ 80, 186, juris Rn. 15 ff.; Urt. v. 9.12.1986 – VI ZR 65/86 („Lenkerverkleidung"), BGHZ 99, 167, juris Rn. 18 ff., Urt. v. 16.12.2008 – VI ZR 170/07 („Pflegebett"), BGHZ 179, 157, juris Rn. 10 ff.

15 BGH, Urt. v. 18.01.1983 – VI ZR 310/79 („Gaszug"), BGHZ 86, 256, juris Rn. 9 f.; vgl. auch BGH, Urt. v. 24.11.1976 – VIII ZR 137/75 („Schwimmerschalter"), BGHZ 67, 359, juris Rn. 24.

„Deliktische Verkehrspflichten haben freilich nicht – wie etwa die Gewährspflichten des Kaufrechts – zum Inhalt, auf den Erwerb einer mangelfreien Kaufsache gerichtete Vertragserwartungen, insbesondere Nutzungs- und Werterwartungen, zu schützen (das Nutzungs- und Äquivalenzinteresse [...]). Sie sind vielmehr auf das Interesse gerichtet, das der Rechtsverkehr daran hat, durch die von dem Hersteller in Verkehr gegebene Sache nicht in seinem Eigentum oder Besitz verletzt zu werden (das Integritätsinteresse). [...] Deckt sich der geltend gemachte Schaden mit diesem Unwert, welcher der Sache wegen ihrer Mangelhaftigkeit von Anfang an schon bei ihrem Erwerb anhaftete, dann ist er allein auf enttäuschte Vertragserwartungen zurückzuführen, und es ist insoweit für deliktische Schadensersatzansprüche kein Raum [...]. Wo dagegen der Schaden nicht mit der im Mangel verkörperten Entwertung der Sache für das Äquivalenz- und Nutzungsinteresse ‚stoffgleich' ist, kann sich im Schaden (auch) das verletzte Integritätsinteresse des Eigentümers oder Besitzers, zu dessen Schutz der Hersteller nach den Umständen verpflichtet ist, niederschlagen; dieser kann dann grundsätzlich auch von der deliktischen Herstellerhaftung aufgefangen werden, selbst wenn mit dieser vertragliches Gewährleistungs- oder Ersatzrecht konkurriert [...]. Denn es ist ebenfalls anerkannt, daß insoweit die Deliktsordnung nicht von der Vertragsordnung verdrängt wird und umgekehrt. Grundsätzlich folgt jede Haftung den eigenen Regeln."

[Konstruktions-, Fabrikations- und Instruktionsfehler] Im Hinblick auf den Fehlerbegriff unterscheidet der *Bundesgerichtshof* ausweislich seines *Urteils vom 16. Juni 2009* nicht zwischen (deliktischer) Haftung für fehlerhafte Produkte auf der Grundlage des *Bürgerlichen Gesetzbuchs* und Produkthaftung auf der Grundlage des *Produkthaftungsgesetzes*: **Fabrikations-**, **Konstruktions-** und **Instruktionsfehler** begründen sowohl die (deliktische) Produkthaftung nach dem *Bürgerlichen Gesetzbuch* als auch die Produkthaftung nach dem *Produkthaftungsgesetz*.[16]

16 BGH, Urt. v. 16.06.2009 – VI ZR 107/08 („Airbag"), BGHZ 181, 253, juris Rn. 12; vgl. auch BGH, Urt. v. 17.03.2009 – VI ZR 176/08 („Kirschtaler"), NJW 2009, 1669, juris Rn. 6.

> „Die nach §3 Abs. 1 ProdHaftG maßgeblichen Sicherheitserwartungen beurteilen sich grundsätzlich nach denselben objektiven Maßstäben wie die Verkehrspflichten des Herstellers im Rahmen der deliktischen Haftung gemäß §823 Abs. 1 BGB [...]. Der im Rahmen der deliktischen Produkthaftung entwickelte Fehlerbegriff sollte durch das Produkthaftungsgesetz keine Änderung erfahren [...]. Dementsprechend ist auch die Unterscheidung von Fabrikations-, Konstruktions- und Instruktionsfehlern, die im Rahmen der deliktischen Produkthaftung der Kategorisierung der konkreten Verkehrspflichten dient, nicht gegenstandslos geworden [...]. Auf sie nimmt das Produkthaftungsgesetz bei der Haftungsbegründung vielmehr Bezug."

[Verhältnis des Produkthaftungsgesetzes zur deliktischen Produkthaftung]
Die Produkthaftung auf der Grundlage des *Produkthaftungsgesetzes* (*ProdHaftG*) tritt neben die (deliktische) Produkthaftung (Produzentenhaftung) auf der Grundlage des *Bürgerlichen Gesetzbuchs* (§§ 823 ff. BGB); die deliktische Produkthaftung bleibt von der Produkthaftung nach dem *Produkthaftungsgesetzes* „unberührt" (§ 15 Abs. 2 ProdHaftG). In vielen Fällen mag die Anwendung des Rechts der Produkthaftung auf der Grundlage des *Produkthaftungsgesetzes* und der deliktischen Produkthaftung auf einen Sachverhalt zum selben Ergebnis führen. In einzelnen Fällen führt ihre Anwendung jedoch zu unterschiedlichen Ergebnissen: Dies ist insbesondere dann der Fall, wenn es dem Hersteller gelingt, fehlendes Verschulden (Exkulpation) darzulegen und zu beweisen; wenn es sich um den Fehler an dem Einzelstück einer Serie handelt, der mit vertretbaren Mitteln nicht feststellbar und vermeidbar war und daher nicht schuldhaft verursacht worden ist (**„Ausreißer"**). Unterschiede bestehen auch hinsichtlich der **Produktbeobachtung**, hinsichtlich der **Beschädigung einer Sache** für den privaten oder geschäftlichen Gebrauch sowie hinsichtlich Dauer und Beginn der **Verjährungsfristen**[17].

17 Zu den Unterschieden hinsichtlich Dauer und Beginn der Verjährungsfrist vgl. nur OLG Hamm, Urt. v. 21.12.2010 – 21 U 14/08, VersR 2011, 1195, juris Rn. 29 f., und Kammergericht, Urt. v. 27.05.2019 – 20 U 115/17, VersR 2019, 1110, juris Rn. 25.

4.2.2 Bedeutung von Prüfbescheinigungen vor dem Hintergrund des Produkthaftungsrechts

Prüfbescheinigungen werden sowohl bei der Auslieferung von Produkten verwendet, weil deren Ausstellung üblicherweise Bestandteil der Warenausgangsprüfung ist, als auch bei der Entgegennahme zugelieferter Teile im Rahmen der Wareneingangsprüfung. Prüfbescheinigungen können dem Hersteller eines Produkts den Nachweis ermöglichen, dass der Fehler im Zeitpunkt des Inverkehrbringens (noch) nicht vorhanden war. Außerdem können Prüfbescheinigungen für den Nachweis fehlenden Verschuldens (Exkulpation) bei der (deliktischen) Produkthaftung nach dem *Bürgerlichen Gesetzbuch* (§§ 823 ff. BGB) von Bedeutung sein.

a) Bedeutung für die Auslieferung von Produkten (Warenausgangsprüfung)

[Fehler im Zeitpunkt des Inverkehrbringens] Das *Produkthaftungsgesetz* (*ProdHaftG*) sieht einen Ausschluss der Haftung vor, wenn nach den Umständen davon auszugehen ist, dass das Produkt den Fehler, der den Schaden verursacht hat, noch nicht hatte, als der Hersteller es in Verkehr brachte (§ 1 Abs. 2 Nr. 2 ProdHaftG). Prüfbescheinigungen ermöglichen dem Hersteller eines Produkts den Nachweis, dass im (maßgeblichen) **Zeitpunkt des Inverkehrbringens** der Fehler (noch) nicht vorlag. Durch die Formulierung weist der Gesetzgeber dem Hersteller die Darlegungs- und Beweislast für das Nichtvorliegen des Fehlers im Zeitpunkt des Inverkehrbringens zu. Diesen Beweis kann der Hersteller durch Vorlage von Prüfbescheinigungen antreten: Im Fall eines Rechtsstreits wird einer Prüfbescheinigung (indes nur dann) ein hoher Beweiswert zukommen, wenn ihrer Ausstellung eine spezifische Prüfung zugrunde liegt. Wegen der im Produkthaftungsgesetz geregelten zehnjährigen Frist bis zum Erlöschen von Ansprüchen (§ 13 Abs. 1 ProdHaftG) ist eine (manipulations-)sichere Archivierung durch den Aussteller der Prüfbescheinigungen geboten. Außerdem ist bei Gericht die Vorlage einer Verfahrensbeschreibung über die Prüfung und Ausstellung der Prüfbescheinigungen angezeigt, deren Einhaltung durch Mitarbeiter, die als Zeugen vor Gericht auftreten, zu belegen ist. Auch für die (deliktische) Produkthaftung nach dem *Bürgerlichen Gesetzbuch* (§§ 823 ff. BGB) kann mittels einer Prüfbescheinigung nachgewiesen werden, dass das Produkt den Fehler im Zeitpunkt des Inverkehrbringens (noch) nicht aufwies. Soweit ersichtlich ist die Frage (noch) nicht höchstrichterlich entschieden, welche

Partei im Rechtsstreit die Darlegungs- und Beweislast für das (Nicht-)Vorliegen eines Fehlers im Zeitpunkt des Inverkehrbringens trägt. Wegen der Üblichkeit von Warenausgangsprüfungen mittels Prüfbescheinigungen liegt es jedoch nahe, dass ein Gericht die Unmöglichkeit oder gar Weigerung des Herstellers, Prüfbescheinigungen vorzulegen, zu seinen Lasten würdigen wird.

[Exkulpation bei deliktischer Produkthaftung] Da – anders als für die Produkthaftung nach dem *Produkthaftungsgesetz* (*ProdHaftG*) – ein schuldhaftes (vorsätzliches oder fahrlässiges) Verhalten des Herstellers Voraussetzung der (deliktischen) Produkthaftung nach dem *Bürgerlichen Gesetzbuch* (§§ 823 ff. BGB) ist, kann die Darlegung fehlenden Verschuldens (**Exkulpation**) in bestimmten Fallkonstellationen in Betracht gezogen werden. Sie mag insbesondere dann in Betracht kommen, wenn es sich bei dem fehlerhaften Produkt um das Einzelstück einer Serie handelt und die anderen Stücke dieser Serie fehlerfrei sind („**Ausreißer**"). Insoweit liegt die gerichtliche Würdigung nahe, dass Herstellung und Auslieferung des fehlerhaften Produkts im Zuge einer Warenausgangsprüfung und ihrer Dokumentation mittels Prüfbescheinigungen mit vertretbaren Mitteln nicht feststellbar und vermeidbar waren und deshalb nicht schuldhaft erfolgt sind.

b) Bedeutung für die Entgegennahme zugelieferter Teile (Wareneingangsprüfung)

Die Darlegung fehlenden Verschuldens (**Exkulpation**) kann auch bei der **Weiterverarbeitung zugelieferter Teile**, welche fehlerhaft sind und den Fehler des Endprodukts ausmachen oder verursachen, in Betracht gezogen werden. Der Hersteller des Endprodukts kann einwenden, eine Wareneingangsprüfung mittels der Prüfbescheinigungen, die der Hersteller der zugelieferten Teile ausgestellt hat, durchgeführt zu haben; er kann argumentieren, dass die Fehlerhaftigkeit der zugelieferten Teile mit vertretbaren Mitteln nicht feststellbar war, sodass die Weiterverarbeitung der fehlerhaften Zulieferteile und die Fehlerhaftigkeit des Endprodukts deshalb nicht vermeidbar waren. Die Darlegung fehlenden Verschuldens kann indes nur zum Ausschluss der (deliktischen) Produkthaftung nach dem *Bürgerlichen Gesetzbuch* (§§ 823 ff. BGB) führen, weil nur diese ein schuldhaftes (vorsätzliches oder fahrlässiges) Verhalten des Herstellers – anders als die Produkthaftung nach dem *Produkthaftungsgesetz* (*ProdHaftG*) – voraussetzt.

4.3 Recht der Mängelhaftung (Gewährleistung): Haftung des Verkäufers für mangelhafte Sachen

[Unterschied von Mängelhaftung und Produkthaftung] Das Recht der Mängelhaftung – (früher) auch als Gewährleistung bezeichnet – regelt die Haftung des Verkäufers wegen eines Mangels der verkauften Sache.[18] Im Unterschied zur Produkthaftung, die den Hersteller eines fehlerhaften Produkts zum Ersatz des hierdurch verursachten Schadens unabhängig vom Bestehen eines Vertrags zwischen Hersteller und Geschädigtem verpflichtet, setzt die Mängelhaftung das **Bestehen eines Vertrags zwischen Verkäufer und Käufer** voraus: Nur der Käufer kann gegenüber dem Verkäufer wegen eines Mangels der verkauften Sache Ansprüche geltend machen, nur der Käufer kann vom Verkäufer Nacherfüllung – Nachbesserung (Reparatur) oder (Ersatz-)Lieferung einer mangelfreien Sache – verlangen, vom Vertrag zurücktreten oder den Kaufpreis mindern sowie Schadensersatz oder Ersatz vergeblicher Aufwendungen verlangen. Die gesetzlich geregelten Voraussetzungen und Rechtsfolgen der Mängelansprüche können **durch Vertrag abweichend vom Gesetz** geregelt werden; indes setzt das Gesetz der Vertragsfreiheit vor allem dann Grenzen, wenn es sich bei den Vertragsbedingungen um vorformulierte, nicht im Einzelnen ausgehandelte Bedingungen (Allgemeine Geschäftsbedingungen) handelt.

4.3.1 Grundzüge und Quellen des Rechts der Mängelhaftung

Das auf Kaufverträge anwendbare Recht ist im *Bürgerlichen Gesetzbuch* (*BGB*) und, sofern der Kaufvertrag zwischen Kaufleuten geschlossen ist, ergänzend im *Handelsgesetzbuch* (*HGB*) geregelt. Diese Gesetzbücher sind am 1. Januar 1900 in Kraft getreten. Das *Bürgerliche Gesetzbuch* besteht aus fünf Büchern, nämlich Allgemeiner Teil, Schuldrecht, Sachenrecht, Familienrecht und Erbrecht. Eine grundlegende Umgestaltung des Schuldrechts, zu dem das Kaufrecht gehört, ist im Jahr 2001 durch das *Gesetz zur Modernisierung des Schuldrechts* erfolgt, in deren Folge die Fassung der Bekanntmachung des *Bürgerlichen Gesetzbuchs* vom 2. Januar 2002 verkündet worden ist. Durch das *Gesetz zur Modernisierung des Schuldrechts* ist die *Richtlinie 1999/44/EG zu bestimmten Aspekten des Verbrauchsgüterkaufs* in deutsches Recht umgesetzt worden; die Umsetzung hat insbesondere das Recht der Mängelhaftung beim

---

18 Die Mängelhaftung betrifft nicht nur Kaufverträge, sondern auch Mietverträge und Werkverträge sowie andere Vertragstypen. In dieser Darstellung wird jedoch nur das Recht der Kaufverträge (§§ 433 bis 479 BGB) und Werklieferungsverträge (§ 650 BGB), auf welche die Vorschriften über den Kaufvertrag Anwendung finden, behandelt. Ein Werklieferungsvertrag ist ein Vertrag über die Lieferung herzustellender oder zu erzeugender beweglicher Sachen.

Kaufvertrag, namentlich die Regelungen zum Vorliegen eines Sachmangels, grundlegend umgestaltet. Zum 1. Januar 2022 sind Änderungen des Kaufrechts durch das *Gesetz zur Regelung des Verkaufs von Sachen mit digitalen Elementen und anderer Aspekte des Kaufvertrags* erfolgt, das der Umsetzung der *Richtlinie (EU) 2019/771 über bestimmte vertragsrechtliche Aspekte des Warenkaufs* dient.

a) Recht der Europäischen Union

[Richtlinie 1999/44/EG zu bestimmten Aspekten des Verbrauchsgüterkaufs] Die *Richtlinie 1999/44/EG des Europäischen Parlaments und des Rates vom 25. Mai 1999 zu bestimmten Aspekten des Verbrauchsgüterkaufs und der Garantien für Verbrauchsgüter* verfolgte das Ziel, einen „gemeinsamen Mindestsockel von Verbraucherrechten, die unabhängig vom Ort des Kaufs der Waren in der Gemeinschaft gelten“, zu schaffen, um es Verbrauchern zu „gestatten, die durch die Schaffung des Binnenmarkts gebotenen Vorzüge besser zu nutzen“.[19] Eine Angleichung der mitgliedstaatlichen Rechtsvorschriften über den Verbrauchsgüterkauf sei im Hinblick auf die Vertragsmäßigkeit von Waren geboten, weil „Schwierigkeiten der Verbraucher und Konflikte mit Verkäufern [...] ihre Ursache vor allem in der Vertragswidrigkeit von Waren“ haben.[20]

[Richtlinie (EU) 2019/771 über bestimmte vertragsrechtliche Aspekte des Warenkaufs] Die *Richtlinie 1999/44/EG zu bestimmten Aspekten des Verbrauchsgüterkaufs* ist durch die *Richtlinie (EU) 2019/771 des Europäischen Parlaments und des Rates vom 20. Mai 2019 über bestimmte vertragsrechtliche Aspekte des Warenkaufs, zur Änderung der Verordnung (EU) 2017/2394 und der Richtlinie 2009/22/EG sowie zur Aufhebung der Richtlinie 1999/44/EG* aufgehoben worden. Die *Richtlinie (EU) 2019/771* verlangt vom Verkäufer, dem Verbraucher Waren zu liefern, die den subjektiven und objektiven Anforderungen an die Vertragsmäßigkeit entsprechen; zu den objektiven Anforderungen gehört bei Waren mit digitalen Elementen deren Aktualisierung (Update); außerdem wird eine unsachgemäße Montage oder Installierung als Vertragswidrigkeit der Ware angesehen (Art. 5 bis 8 der Richtlinie [EU] 2019/771).

b) Recht der Bundesrepublik Deutschland

[Bürgerliches Gesetzbuch vom 18. August 1896] Das Bürgerliche Gesetzbuch (BGB) vom 18. August 1896 ist am 1. Januar 1900 in Kraft getreten.

19 Erwägungsgrund 5 der Richtlinie 1999/44/EG.

20 Erwägungsgrund 6 der Richtlinie 1999/44/EG.

Im Recht der Kaufverträge hatte das Gesetz unter der Überschrift „Gewährleistung wegen Mängel der Sache" die Ansprüche des Käufers nur unvollständig und im Vergleich zu der seit 1. Januar 2002 geltenden Fassung restriktiv geregelt; § 459 BGB in der bis zum 31. Dezember 2001 geltenden Fassung lautete: „Der Verkäufer einer Sache haftet dem Käufer dafür, daß sie [...] nicht mit Fehlern behaftet ist, die den Wert oder die Tauglichkeit zu dem gewöhnlichen oder dem nach dem Vertrag vorausgesetzten Gebrauch aufheben oder mindern", wobei eine „unerhebliche Minderung des Wertes oder der Tauglichkeit nicht in Betracht" kommt. „Der Käufer haftet auch dafür, daß die Sache [...] die zugesicherten Eigenschaften hat."

[Gesetz zur Modernisierung des Schuldrechts: Kaufrecht] Das *Gesetz zur Modernisierung des Schuldrechts* vom 26. November 2001 diente unter anderem der Umsetzung der *Richtlinie 1999/44/EG zu bestimmten Aspekten des Verbrauchsgüterkaufs* in deutsches Recht. Mit Wirkung zum 1. Januar 2002 hat das Schuldrecht durch dieses Gesetz eine grundlegende Umgestaltung erfahren: Im Recht der Kaufverträge hat das Gesetz eine umfassende und im Vergleich zur früheren Rechtslage käuferfreundliche Regelung der Ansprüche bei Vorliegen eines Mangels geschaffen. Seitdem ist ausdrücklich die Pflicht des Verkäufers geregelt, dem Käufer das Eigentum an der Sache frei von Sach- und Rechtsmängeln zu verschaffen (§ 433 Abs. 1 BGB). Eine Sache ist **frei von Sachmängeln**, wenn sie die vereinbarte Beschaffenheit hat; soweit die Beschaffenheit nicht vereinbart ist, ist die Sache frei von Sachmängeln, wenn sie sich für die vertraglich vorausgesetzte Verwendung eignet, sonst, wenn sie sich für die gewöhnliche Verwendung eignet und die übliche, erwartbare Beschaffenheit aufweist (§ 434 Abs. 1 Sätze 1 und 2 BGB in der von 1. Januar 2002 bis 31. Dezember 2021 geltenden Fassung). Durch das Gesetz sind außerdem Vorschriften eingefügt worden, die für den Verbrauchsgüterkauf – definiert als Kauf beweglicher Sachen durch einen Verbraucher von einem Unternehmer – besondere Regelungen treffen, namentlich im Hinblick auf abweichende Vereinbarungen, die Beweislast für das Vorliegen eines Mangels, den Rückgriff des Unternehmers und Garantien (§§ 474 bis 479 BGB).

[Allgemeine Geschäftsbedingungen] Durch das Gesetz zur *Modernisierung des Schuldrechts* sind außerdem die Vorschriften des *Gesetzes zur Regelung des Rechts der Allgemeinen Geschäftsbedingungen* (*AGB-Gesetz*) vom 9. Dezember 1976 in das *Bürgerliche Gesetzbuch* (*BGB*) überführt worden (§§ 305 bis 310 BGB). **Allgemeine Geschäftsbedingungen** sind alle für eine Vielzahl von Verträgen vorformulierten Vertragsbedingungen, die eine Vertragspartei der anderen Vertragspartei bei Abschluss des Vertrags stellt; keine Allgemeinen Geschäftsbedingungen liegen vor, soweit die Vertragsbedingungen im Einzelnen ausgehandelt sind (§ 305 Abs. 1 BGB). Allgemeine Geschäftsbedingungen unterliegen einer Inhaltskontrolle: Bestimmungen in Allgemeinen Geschäftsbedingungen sind unwirksam, wenn sie den Vertragspartner des Verwenders unangemessen benachteiligen; eine unangemessene Benachteiligung ist im Zweifel anzunehmen, wenn sie mit wesentlichen Grundgedanken der gesetzlichen Regelung, von der abgewichen wird, nicht zu vereinbaren ist (§ 307 Abs. 1 Satz 1, Abs. 2 Nr. 1 BGB). Der Inhaltskontrolle unterliegen auch diejenigen Verträge, die zwischen zwei Unternehmern („unternehmerischer Geschäftsverkehr") geschlossen werden (§ 310 Abs. 1 BGB).[21]

[Gesetz zur Regelung des Verkaufs von Sachen mit digitalen Elementen und anderer Aspekte des Kaufvertrags] Die *Richtlinie (EU) 2019/771 über bestimmte vertragsrechtliche Aspekte des Warenkaufs* ist durch das *Gesetz zur Regelung des Verkaufs von Sachen mit digitalen Elementen und anderer Aspekte des Kaufvertrags vom 25. Juni 2021* in deutsches Recht umgesetzt worden. Durch dieses Gesetz, das am 1. Januar 2022 in Kraft getreten ist, sind die Vorschriften über das Vorliegen eines Sachmangels geändert werden: Die Sache ist **frei von Sachmängeln**, wenn sie den subjektiven Anforderungen, den objektiven Anforderungen und (bei durchzuführender Montage) den Montageanforderungen entspricht (§ 434 Abs. 1 BGB in der seit 1. Januar 2022 geltenden Fassung). Die Sache entspricht den subjektiven Anforderungen, wenn sie die vereinbarte Beschaffenheit hat, sich für die vertraglich vorausgesetzte Verwendung eignet und mit vereinbartem Zubehör und (Montage-)Anleitungen übergeben wird (§ 434 Abs. 2 BGB in der seit 1. Januar 2022 geltenden Fassung). Die Sache entspricht den objektiven Anforderungen, wenn sie sich für die gewöhnliche Verwendung eignet, eine übliche und erwartbare Beschaffenheit aufweist, einem vor Vertragsschluss übergebenen Muster entspricht und mit erwartbarem Zubehör und (Montage-)Anleitungen übergeben wird (§ 434 Abs. 3 BGB in der seit 1. Januar 2022 geltenden Fassung). Bei durchzuführender Montage entspricht die Sache den Montageanforderungen, wenn die Montage sachgerecht durchgeführt worden ist oder wenn eine unsachgemäß durchgeführte Montage weder auf einer unsachgemäßen Montage durch den Verkäufer noch auf einem Mangel in der vom Verkäufer übergebenen Anleitung beruht (§ 434 Abs. 4 BGB in der seit 1. Januar 2022 geltenden Fassung).

21 Vgl. Schauer, AGB im unternehmerischen Geschäftsverkehr: Plädoyer für eine Gesetzesänderung, Anwaltsblatt 2012, 690 – 696; Schauer, Vertragsfreiheit wagen, Frankfurter Allgemeine Zeitung vom 16.06.2018, S. 16.

Durch das Gesetz sind außerdem die Vorschriften zum Verbrauchsgüterkauf geändert worden, indem vor allem eine Vorschrift über den Sachmangel einer Ware mit digitalen Elementen eingefügt worden ist (§ 475b BGB).

aa) Recht der Mängelansprüche

[Mängelansprüche] Dem Käufer einer mangelhaften Sache stehen folgende Ansprüche zu: Er kann Nacherfüllung – Nachbesserung (Reparatur) oder (Ersatz-)Lieferung einer mangelfreien Sache – verlangen, vom Vertrag zurücktreten, den Kaufpreis mindern sowie Schadensersatz oder Ersatz vergeblicher Aufwendungen verlangen (§ 437 BGB).

[Verschulden als Voraussetzung eines Schadensersatzanspruchs] Der Anspruch auf Schadensersatz setzt nicht nur einen Mangel der verkauften Sache und einen hierdurch verursachten Schaden des Käufers, sondern auch Verschulden („Vertretenmüssen") des Verkäufers voraus; der Verkäufer muss sowohl eigenes Verschulden als auch Verschulden seiner Erfüllungsgehilfen vertreten (§§ 276, 278 BGB).[22] Die für die Entscheidung eines Rechtsstreits relevante Darlegungs- und Beweislast für (fehlendes) Verschulden trägt der Verkäufer, der Verkäufer muss sich „exkulpieren" (§ 437 Nr. 3 BGB in Verbindung mit § 280 Abs. 1 Satz 2 BGB). Eine (formular-)vertragliche Vereinbarung, die von den wesentlichen Grundgedanken des gesetzlich geregelten Rechts der Mängelhaftung abweicht, ist unwirksam (§ 307 Abs. 1 Satz 1, Abs. 2 Nr. 1 BGB). Zu diesen Grundgedanken gehört – wie der *Bundesgerichtshof* in seinem *Urteil vom 18.10.2017* für eine allein an die Mangelhaftigkeit einer Sache anknüpfende Mehraufwandsklausel in einer Qualitätssicherungsvereinbarung entschieden hat – das Verschulden als Voraussetzung eines Schadensersatzanspruchs.[23]

---

22 Vgl. zum „Vertretenmüssen" eines Händlers BGH, Urt. v. 02.04.2014 – VIII ZR 46/13, BGHZ 200, 337, juris Rn. 31 f.: Da der Hersteller (Vorlieferant) einer mangelhaften Sache nicht Erfüllungsgehilfe des Händlers ist, wird ein (etwaiges) Verschulden des Herstellers (Vorlieferanten) dem Händler nicht zugerechnet, wenn dieser eine mangelhafte Sache verkauft; der Händler muss ein (etwaiges) Verschulden des Herstellers (Vorlieferanten) nicht vertreten.

23 BGH, Urt. v. 18.10.2017 – VIII ZR 86/16, BGHZ 216, 193, juris Rn. 17 ff.

„Die Mehraufwandsklausel in Ziffer 3 der QSV [‚Mehraufwand bei dem AG, der aus Mängeln von Liefergegenständen entsteht, geht in angefallener Höhe zu Lasten des AN. Der Mehraufwand ist dem AN durch den AG nachzuweisen.'] ist gemäß § 307 Abs. 1 Satz 1 BGB wegen einer unangemessenen Benachteiligung der Vertragspartner [der Käuferin] unwirksam. Eine solche unangemessene Benachteiligung ist gemäß § 307 Abs. 2 Nr. 1 BGB im Zweifel anzunehmen, wenn eine Bestimmung in Allgemeinen Geschäftsbedingungen mit wesentlichen Grundgedanken der gesetzlichen Regelung, von der abgewichen wird, nicht zu vereinbaren ist. Das ist bei dieser Klausel, bei der es sich [...] um eine von der [Käuferin] als Verwenderin der gesamten Qualitätssicherungsvereinbarung gestellte Allgemeine Geschäftsbedingung handelt (§ 305 Abs. 1, 2 BGB), der Fall. Denn sie weicht entgegen der Auffassung des Berufungsgerichts von den Regelungen des gesetzlichen Kaufgewährleistungsrechts in einer Weise ab, die mit wesentlichen Grundgedanken dieser gesetzlichen Regelungen nicht zu vereinbaren ist. [...]

Das kaufrechtliche Gewährleistungssystem der §§ 434 ff. BGB ist jedenfalls in Bezug auf Kaufverträge zwischen Unternehmen nicht darauf angelegt, den Käufer einer mangelhaften Sache ohne Weiteres vor jedweden Vermögensnachteilen zu bewahren. Über das Erfüllungsinteresse hinausgehende Vermögensnachteile, die beim Käufer dadurch entstehen, dass dem Verkäufer die Erfüllung nicht schon beim ersten, sondern erst beim zweiten Versuch oder gar nicht gelingt, sind – soweit nicht die besondere Kostenregelung des § 439 Abs. 2 BGB eingreift – vielmehr nach der Vorstellung des deutschen Gesetzgebers (dazu BT-Drucks. 14/6040, S. 224 f.) nur nach den allgemeinen Regeln über den verschuldensabhängigen Schadens- oder Aufwendungsersatz, wie er in § 437 Nr. 3, §§ 280, 281, 283, 284 BGB geregelt ist, auszugleichen [...]. Mit dem dieser Regelungskonzeption zugrunde liegenden Gedanken kollidiert die allein an eine Mangelhaftigkeit der Liefergegenstände anknüpfende Mehraufwandsklausel in Ziffer 3 der QSV in unvereinbarer Weise. [...]

In dem von der Klausel erfassten mangelbedingten Mehraufwand sind danach in recht weitgehendem Umfang Aufwandspositionen enthalten, die – wenn überhaupt – nach der gesetzlichen Gewährleistungskonzeption nur von einer verschuldensabhängigen Schadens- oder Aufwendungsersatzhaftung gemäß § 437 Nr. 3, §§ 440,

280, 281, 284 BGB gedeckt wären [...]. Das danach erforderliche Vertretenmüssen des Verkäufers sieht die Klausel aber gerade nicht vor.

Damit weicht sie von dem in § 280 Abs. 1 Satz 2, § 286 Abs. 4, § 278 BGB für vertragliche wie für gesetzliche Ansprüche gleichermaßen zum Ausdruck kommenden Gerechtigkeitsgebot und damit von dem wesentlichen Grundgedanken dieser gesetzlichen Bestimmungen ab, wonach eine Verpflichtung zum Schadensersatz regelmäßig nur bei schuldhaftem Verhalten besteht und deshalb einer abweichenden Regelung durch Allgemeine Geschäftsbedingungen grundsätzlich nicht zugänglich ist (st. Rspr. [...])."

[Gefahrübergang als maßgebender Zeitpunkt für das Vorliegen eines Sachmangels] Für das Vorliegen eines Sachmangels ist der Zeitpunkt des **Gefahrübergangs** maßgebend (§ 434 Abs. 1 Satz 1 BGB in der von 1. Januar 2002 bis 31. Dezember 2021 geltenden Fassung, § 434 Abs. 1 BGB in der seit 1. Januar 2022 geltenden Fassung). Der Gefahrübergang tritt mit **Übergabe der verkauften Sache** an den Käufer ein, im Fall des Versendungskaufs mit Auslieferung an den Frachtführer (§§ 446, 447 BGB).

[Verjährung] Mängelansprüche verjähren bei einem Bauwerk oder einer hierfür verwendeten Sache in fünf Jahren, im Übrigen in zwei Jahren; die Frist beginnt mit der **Ablieferung der Sache** (§ 438 Abs. 1 Nr. 2 und 3, Abs. 2 Halbsatz 2 BGB.

[Ausschluss bei Kenntnis oder grob fahrlässiger Unkenntnis] Mängelansprüche sind ausgeschlossen, wenn der Käufer **bei Vertragsschluss** den Mangel kennt oder infolge grober Fahrlässigkeit nicht kennt (§ 442 Abs. 1 BGB). Im Rechtsstreit trifft den Verkäufer die Darlegungs- und Beweislast für die Kenntnis oder grob fahrlässige Unkenntnis des Käufers.

bb) Besonderheiten beim beiderseitigen Handelskauf: Untersuchungs- und Rügeobliegenheit des Käufers

[Ausschluss der Mängelansprüche bei Verstoß gegen Untersuchungs- und Rügeobliegenheit] Das Vierte Buch des *Handelsgesetzbuchs* (*HGB*) enthält Bestimmungen zu Handelsgeschäften (§§ 343 bis 475 h HGB). § 377 HGB, dessen Wortlaut (absehen von orthografischen Bereinigungen) seit Inkrafttreten des *Handelsgesetzbuchs* am 1. Januar 1900 unverändert ist, regelt die Obliegenheit des Käufers, die vom Verkäufer gelieferte

Ware unverzüglich nach der Ablieferung zu untersuchen und im Fall ihrer Mangelhaftigkeit eine solche zu rügen. Wenn der Käufer gegen diese Obliegenheit verstößt, kann er etwaige Mangelansprüche gegenüber dem Verkäufer nicht mehr geltend machen; **wegen der Genehmigungsfiktion** („Ware gilt als genehmigt") sind Mängelansprüche **ausgeschlossen**.

> § 377
>
> (1) Ist der Kauf für beide Teile ein Handelsgeschäft, so hat der Käufer die Ware unverzüglich nach der Ablieferung durch den Verkäufer, soweit dies nach ordnungsmäßigem Geschäftsgange tunlich ist, zu untersuchen und, wenn sich ein Mangel zeigt, dem Verkäufer unverzüglich Anzeige zu machen.
>
> (2) Unterlässt der Käufer die Anzeige, so gilt die Ware als genehmigt, es sei denn, dass es sich um einen Mangel handelt, der bei der Untersuchung nicht erkennbar war.
>
> (3) Zeigt sich später ein solcher Mangel, so muss die Anzeige unverzüglich nach der Entdeckung gemacht werden; anderenfalls gilt die Ware auch in Ansehung dieses Mangels als genehmigt.
>
> (4) Zur Erhaltung der Rechte des Käufers genügt die rechtzeitige Absendung der Anzeige.
>
> (5) Hat der Verkäufer den Mangel arglistig verschwiegen, so kann er sich auf diese Vorschriften nicht berufen.

[Relevanz für einen Rechtsstreit] Bei einem Verstoß des Käufers gegen die ihn treffende Untersuchungs- und Rügeobliegenheit wird das Gericht im Fall eines Rechtsstreits über die Fragen, ob ein Mangel vorgelegen hat und wie hoch ein durch den (behaupteten) Mangel verursachter Schaden ist, nicht Beweis erheben, weil es für die Entscheidung hierauf nicht ankommt. Mangels Entscheidungserheblichkeit wird das Gericht vielmehr die Klage des Käufers, mit der dieser Mangelansprüche geltend macht, abweisen.

1) Notwendigkeit der Untersuchung („Ob?")

[Anwendbarkeit auf Verträge zwischen Kaufleuten und Handelsgeschäften] § 377 HGB findet nach seinem Wortlaut („Ist der Kauf für beide Teile ein Handelsgeschäft ...") nur dann Anwendung, wenn sowohl Käufer als auch Verkäufer Kaufleute sind.[24] Da die auf Kaufleute anwendbaren Vorschriften auch für **Handelsgesellschaften** – hierzu zählen unter anderem Gesellschaften mit beschränkter Haftung (§ 13 Abs. 3 GmbHG), Aktiengesellschaften (§ 3 Abs. 1 AktG) und Kommanditgesellschaften – gelten (§ 6 Abs. 1 HGB), findet § 377 HGB auch auf einen Kaufvertrag zwischen zwei Handelsgesellschaften Anwendung.[25] § 377 HGB findet keine Anwendung auf die – unabhängig von einem Vertrag bestehende – Haftung des Herstellers für fehlerhafte Produkte (Produkthaftung).[26]

[Zweck der Vorschrift: Schutz der Verkäufers] § 377 HGB dient – so der *Bundesgerichtshof* im *Urteil vom 24.02.2016* – dem **Schutz des Verkäufers** vor Mängelansprüchen, die erst längere Zeit nach der Ablieferung geltend gemacht werden. Denn die Mangelhaftigkeit der gelieferten Ware, die durch den Käufer weiterverarbeitet worden ist, lässt sich schwerer feststellen als vor ihrer Weiterverarbeitung; außerdem ist der Schaden wegen der durch die Weiterverarbeitung entstandenen Kosten höher als vorher.[27]

24 Vgl. zur Untersuchungs- und Rügeobliegenheit bei einem Kaufvertrag mit einem Nichtkaufmann BGH, Beschluss vom 02.07.2019 – VIII ZR 74/18, VersR 2020, 302, juris Rn. 31: „Die Nichtanwendbarkeit des § 377 HGB schließt es jedoch grundsätzlich nicht aus, dass im Einzelfall auch bei der Vertragsbeteiligung eines Nichtkaufmanns, insbesondere wenn es sich bei diesem – wie hier – nicht um den Käufer, sondern um den Verkäufer handelt, besondere Umstände vorliegen können, die es angezeigt erscheinen lassen, zu Rechtsfolgen zu gelangen, die denen des § 377 HGB entsprechen oder ähneln. Dies kann etwa über Vereinbarungen, Handelsbräuche und sonstige Verkehrssitten eintreten, darüber hinaus ausnahmsweise aber auch von Treu und Glauben (§ 242 BGB) gefordert sein, wenn besondere Umstände wie etwa die Besonderheiten der Ware oder ein besonderer Zuschnitt des Geschäfts eine rasche Mängelbehandlung gebieten und die Gegenseite begründeten Anlass hat, auf eine alsbaldige Anzeige etwaiger Mängel vertrauen zu können."

25 Die Anwendbarkeit des § 377 HGB auf Werklieferungsverträge ergibt sich nicht nur aus § 650 BGB, sondern auch aus § 381 Abs. 2 HGB, der wie folgt lautet: „Sie [die Vorschriften über den Kauf von Waren] finden auch auf einen Vertrag Anwendung, der die Lieferung herzustellender oder zu erzeugender beweglicher Sachen zum Gegenstand hat." Vgl. auch BGH, Urt. v. 07.12.2017 – VII ZR 101/14, BGHZ 217, 103, juris Rn. 48 f.

26 BGH, Urt. v. 16.09.1987 – VIII ZR 334/86, BGHZ 101, 337, juris Rn. 14. ff.

27 BGH, Urt. v. 24.02.2016 – VIII ZR 38/15, NJW 2016, 2645, juris Rn. 21.

> „[...] Die Vorschriften über die Mängelrüge [dienen] in erster Linie den Interessen des Verkäufers oder Werklieferanten [...]. Er soll, was auch dem allgemeinen Interesse an einer raschen Abwicklung der Geschäfte im Handelsverkehr entspricht, nach Möglichkeit davor geschützt werden, sich längere Zeit nach der Lieferung oder nach der Abnahme der Sache etwaigen, dann nur schwer feststellbaren Gewährleistungsansprüchen ausgesetzt zu sehen [...]. Ein schutzwürdiges Interesse des Verkäufers an einer alsbaldigen Untersuchung durch den Käufer kann dann besonders groß sein, wenn er bei bestimmungsgemäßer Weiterverarbeitung der Kaufsache zu wertvollen Objekten mit hohen Mangelfolgeschäden rechnen muss und nur der Käufer das Ausmaß der drohenden Schäden übersehen kann [...].“

[Zweck der Vorschrift: rasche Geschäftsabwicklung im Handelsverkehr] Ausweislich der Ausführungen des *Bundesgerichtshofs* im *Urteil vom 16.06.1991* fördert § 377 HGB die Abwicklung der Geschäfte im Handelsverkehr, indem über das Bestehen von Mängelansprüchen **rasch Klarheit geschaffen** wird.[28]

> „Im Handelsverkehr soll möglichst schnell Klarheit darüber geschaffen werden, ob das Geschäft ordnungsgemäß abgewickelt worden ist; der Verkäufer, dessen Interessen nach der vom Gesetz getroffenen Wertentscheidung der Vorrang zu geben ist, soll durch die den Käufer treffende Obliegenheit zur unverzüglichen Mängelrüge in die Lage versetzt werden, entsprechende Feststellungen und notwendige Dispositionen zu treffen, insbesondere einen möglichen Schaden abwenden zu können, der sich aus Gewährleistungs-, Schadensersatz- oder Nachlieferungsansprüchen des Käufers ergeben könnte.“

[Keine Abdingbarkeit durch AGB] Wegen ihres Zwecks, möglichst rasch Klarheit über die ordnungsgemäße Abwicklung eines Handelsgeschäfts zu schaffen, gehört § 377 HGB zu den wesentlichen Grundgedanken der gesetzlichen Regelungen über den Handelskauf, die – so der *Bundesgerichtshof* im *Urteil vom 16.06.1991* – **nicht durch Allgemeine Geschäftsbedingungen abbedungen** werden können.[29]

28 BGH, Urt. v. 16.06.1991 – VIII ZR 149/90, NJW 1991, 2633, juris Rn. 25.

29 BGH, Urt. v. 16.06.1991 – VIII ZR 149/90, NJW 1991, 2633, juris Rn. 25.

„[...] Jedenfalls [kommt] eine Anwendung der Nr. 9 der Geschäftsbedingungen der Klägerin, nach welcher ‚die §§ 377 [...] HGB ausgeschlossen' werden, nicht in Betracht. Diese Regelung ist nach § 9 Abs. 2 Nr. 1 AGBG [heute: § 307 Abs. 2 Nr. 1 BGB] unwirksam. Durch den uneingeschränkten formularmäßigen Ausschluss der §§ 377 [...] HGB würde dem Käufer die unverzügliche Untersuchungs- und Rügepflicht auch dann abgenommen, wenn die Mängel offen zu Tage liegen, der Käufer sie bei der gebotenen unverzüglichen Untersuchung festgestellt hat oder hätte feststellen können (sogenannte offene Mängel). Der Gesetzgeber hat aber mit den Vorschriften der §§ 377 [...] HGB eine eindeutige Risikoverteilung für den kaufmännischen Verkehr getroffen. [...] Das Abbedingen der unverzüglichen Untersuchungs- und Rügepflicht auch bei offenen Mängeln ist daher mit wesentlichen Grundgedanken der gesetzlichen Regelung unvereinbar und damit unwirksam [...]."

[Direktlieferung an Endabnehmer] Auch im Fall einer Direktlieferung vom Verkäufer an einen Endabnehmer – gelegentlich als Durchlieferung oder Streckengeschäft bezeichnet – sind Untersuchung und Rüge nicht entbehrlich: Der Zwischenhändler als Vertragspartner des Verkäufers muss sicherstellen, dass der Endabnehmer entweder ihn über einen festgestellten Mangel unterrichtet oder diesen gegenüber dem Verkäufer rügt.[30] Dies gilt auch dann, wenn der Endabnehmer Nicht-Kaufmann ist.[31]

2) Art und Umfang der Untersuchung („Wie ist zu untersuchen?")

[Anhaltspunkte für die Beurteilung im jeweiligen Einzelfall] § 377 Abs. 1 HGB verwendet die Formulierung „nach ordnungsmäßigem Geschäftsgange tunlich". Die Unbestimmtheit dieser Begriffe trägt – ausweislich der Ausführungen des *Bundesgerichtshofs* im *Urteil vom 24.02.2016* – dem Umstand Rechnung, dass sich Art und Umfang der dem Käufer obliegenden Untersuchung nicht allgemein, sondern **nur für jeweiligen Einzelfall** bestimmen lassen. Für die Bestimmung von Art und Umfang der Untersuchung ist eine Abwägung zwischen dem Interesse des Verkäufers an einer raschen Geschäftsabwicklung und dem Interesse des Käufers am Erhalt seiner Mängelansprüche ausschlaggebend. In die Interessenabwägung einzu-

30 BGH, Beschluss v. 08.04.2014 – VIII ZR 91/13, juris Rn. 9; vgl. auch OLG Karlsruhe, Urt. v. 05.11.2008 – 7 U 15/08, NZG 2009, 395, juris Rn. 7; OLG Karlsruhe, Urt. v. 19.07.2016 – 12 U 31/16, NJW-RR 2017, 177, juris Rn. 31; OLG München, Urt. v. 23.04.2013 – 18 U 2305/12, juris Rn. 27 ff.

31 BGH, Urt. v. 24.01.1990 – VIII ZR 22/89, BGHZ 110, 130, juris Rn. 27; vgl. auch OLG Köln, Beschluss v. 13.04.2015 – 11 U 183/14, NJW-RR 2015, 859, juris Rn. 6.

stellende Gesichtspunkte sind der **Kosten- und Zeitaufwand**, die dem Käufer zur Verfügung stehenden technischen **Prüfmöglichkeiten**, das Erfordernis eigener technischer Kenntnisse für die Durchführung der Untersuchung beziehungsweise die Notwendigkeit, einen Dritten hiermit zu beauftragen. In bestimmten Fällen – abhängig von Natur der Ware, Branchengepflogenheiten, Gewicht der zu befürchtenden Folgen eines Mangels, etwaigen Auffälligkeiten der gelieferten Ware, früheren als Verdacht fortwirkenden Fällen – ist eine intensivere Prüfung vorzunehmen.[32]

> „Gemäß § 377 Abs. 1 HGB hat eine Untersuchung zu erfolgen, soweit dies nach ordnungsgemäßem Geschäftsgang tunlich ist. Welche Anforderungen an die Art und Weise der Untersuchung zu stellen sind, lässt sich nicht allgemein festlegen [...]. Es ist vielmehr darauf abzustellen, welche in den Rahmen eines ordnungsgemäßen Geschäftsgangs fallenden Maßnahmen einem ordentlichen Kaufmann im konkreten Einzelfall unter Berücksichtigung auch der schutzwürdigen Interessen des Verkäufers zur Erhaltung seiner Gewährleistungsrechte zugemutet werden können [...]. Dabei kommt es auf die objektive Sachlage und auf die allgemeine Verkehrsanschauung an, wie sie sich hinsichtlich eines Betriebs vergleichbarer Art herausgebildet hat [...]. Die Anforderungen an eine Untersuchung sind letztlich durch eine Interessenabwägung zu ermitteln [...].
>
> Dabei ist einerseits zu berücksichtigen, dass die Vorschriften über die Mängelrüge in erster Linie den Interessen des Verkäufers oder Werklieferanten dienen. Er soll, was auch dem allgemeinen Interesse an einer raschen Abwicklung der Geschäfte im Handelsverkehr entspricht, nach Möglichkeit davor geschützt werden, sich längere Zeit nach der Lieferung oder nach der Abnahme der Sache etwaigen, dann nur schwer feststellbaren Gewährleistungsansprüchen ausgesetzt zu sehen [...]. Andererseits dürfen im Rahmen der gebotenen Interessenabwägung zwischen Verkäufer/Werklieferanten und Käufer die Anforderungen an eine ordnungsgemäße Untersuchung nicht überspannt werden [...]. Denn ansonsten könnte der Verkäufer, aus dessen Einflussbereich der

32 BGH, Urt. v. 24.02.2016 – VIII ZR 38/15, NJW 2016, 2645, juris Rn. 20 bis 23; vgl. auch BGH, Urt. v. 06.12.2017 – VIII ZR 246/16, BGHZ 217, 72, juris Rn. 25; BGH, Urt. v. 17.09.2002 – X ZR 248/00, juris Rn. 21; OLG Karlsruhe, Urt. v. 19.07.2016 – 12 U 31/16, NJW-RR 2017, 182, juris Rn. 48 („Anlass zu Misstrauen“).

> Mangel kommt, in die Lage versetzt werden, das aus seinen eigenen fehlerhaften Leistungen herrührende Risiko auf dem Wege über die Mängelrüge auf den Käufer abzuwälzen [...]. Anhaltspunkte für die Grenzen der Zumutbarkeit bilden vor allem der für eine Überprüfung erforderliche Kosten- und Zeitaufwand, die dem Käufer zur Verfügung stehenden technischen Prüfungsmöglichkeiten, das Erfordernis eigener technischer Kenntnisse für die Durchführung der Untersuchung beziehungsweise die Notwendigkeit, die Prüfung von Dritten vornehmen zu lassen [...].
>
> Ob im Einzelfall verschärfte Untersuchungsanforderungen zum Tragen kommen, hängt von der Natur der Ware, von den Branchengepflogenheiten sowie von dem Gewicht der zu erwartenden Mangelfolgen und von etwaigen Auffälligkeiten der gelieferten Ware oder früheren, nach wie vor als Verdacht fortwirkenden Mangelfällen ab [...]. Dem Käufer aus früheren Lieferungen bekannte Schwachstellen der Ware müssen eher geprüft werden als das Vorliegen von Eigenschaften, die bislang nie gefehlt haben [...].“

[keine „Rundum-Untersuchung“] Die nach § 377 Abs. 1 HGB vom Käufer geforderte Untersuchung muss nach Art und Umfang **nicht** so ausgestaltet sein, dass – wie bei einer **„Rundum-Untersuchung“** – alle irgendwie in Betracht kommenden Mängel der Ware erfasst werden.[33] Bei der Lieferung einer größeren Warenmenge genügt die Untersuchung aussagekräftiger Stichproben.[34] Bei einer Gesamtliefermenge von 20.000 Stück wurde die Zahl von 15 bis 20 untersuchten Stichproben als nicht ausreichend beurteilt.[35] In der Regel genügt eine Chargenprobe, sodass die Probe eines aus der Charge hergestellten Stücks nicht erforderlich ist.[36] Ein Aufwand, der Untersuchungskosten von mindestens 15 % des Warenwerts verursacht, ist nicht erforderlich.[37] Indes ersetzt die Vorabtestung eines Musterstücks die Untersuchung der später gelieferten Ware nicht.[38]

---

33 BGH, Urt. v. 06.12.2017 – VIII ZR 246/16, BGHZ 217, 72, juris Rn. 26.

34 OLG Nürnberg, Urt. v. 25.11.2009 – 12 U 715/09, juris Rn. 35.

35 OLG Köln, Urt. v. 06.03.1998 – 19 U 185/97, NJW-RR 1999, 565, juris Rn. 16.

36 OLG Hamm, Urt. v. 28.06.2006 – 19 U 174/05, juris Rn. 21 (hinsichtlich einer nach Art. 38 CISG/UN-Kaufrecht zu beurteilenden Untersuchung).

37 OLG Koblenz, Urt. v. 07.07.2016 – 2 U 504/15, NJW-RR 2017, 83, juris Rn. 24.

38 OLG München, Urt. v. 29.07.2009 – 7 U 5584/08, VersR 2010, 634, juris Rn. 40.

[Handelsbrauch] Wenn für einen bestimmten Bereich des Handelsverkehrs eine besondere Art der Untersuchung üblich ist und insoweit ein **Handelsbrauch** (§ 346 HGB) besteht, kann dieser die Untersuchungsobliegenheit beeinflussen; ein Handelsbrauch kann jedoch nicht von jeglicher Verpflichtung zur Untersuchung entbinden, da andernfalls ein (unbeachtlicher) Missbrauch vorläge.[39] Im Fall eines Rechtsstreits muss der Käufer für das Vorliegen eines solchen Brauchs Tatsachen vortragen, die den Schluss auf eine einheitliche, auf Konsens der beteiligten Kreise hindeutende Verkehrsübung zulassen.[40] Gegenstand eines Rechtsstreits, den das *Oberlandesgericht Hamm* mit *Urteil vom 25.06.2010* entschieden hat, bildete die Behauptung des Käufers, in der Stahlbranche erfolge keine eigene Untersuchung durch den Käufer, wenn der Verkäufer ein „Werkszeugnis" oder „Werkstoffprüfzeugnis", dem (offenbar) keine spezifische Prüfung durch den Hersteller zugrunde lag, mitliefert; nach Beweiserhebung ging das Gericht davon aus, dass ein solcher Brauch nicht besteht.[41]

> „Dass in der einschlägigen Stahlbranche keine eigene Untersuchung erfolge, wenn der Verkäufer ein Werkszeugnis mitliefert, hat die Klägerin angesichts des überzeugenden Gutachtens des Sachverständigen Dr. E in erster Instanz nicht bewiesen. Seine Feststellungen aufgrund 30-jähriger, eigener Erfahrung besagen eindeutig, dass eine eigene Untersuchung durch den Käufer in einem vergleichbaren Betrieb auch dann üblich sei, wenn er über das Werkstoffprüfzeugnis des Verkäufers verfüge. Dabei war dem Sachverständigen die abweichende Stellungnahme des Privatgutachters der Klägerin, Q, inhaltlich bekannt."

[Ausgestaltung durch Vertrag] Art und Umfang einer Untersuchung können **durch Vertrag** im Hinblick auf die zu untersuchenden Eigenschaften und die anzuwendenden Methoden konkretisiert oder generalisiert werden. Eine vertragliche **Konkretisierung oder Generalisierung** muss jedoch Rücksicht auf die Interessen von Verkäufer und Käufer nehmen. Unzulässig ist eine vertragliche Regelung, die ohne nähere Differenzierung stets eine vollständige Untersuchung oder eine Untersuchung durch einen Sachverständigen verlangt.[42]

---

39 BGH, Urt. v. 17.09.2002 – X ZR 248/00, juris Rn. 18.

40 BGH, Urt. v. 06.12.2017 – VIII ZR 246/16, BGHZ 217, 72, juris Rn. 23, 30; vgl. auch OLG Frankfurt/Main, Urt. v. 19.10.2021 – 26 U 49/19, juris Rn. 81.

41 OLG Hamm, Urt. v. 25.06.2010 – 19 U 154/09, juris Rn. 23.

42 BGH, Urt. v. 06.12.2017 – VIII ZR 246/16, BGHZ 217, 72, juris Rn. 37 f.

„Zwar ist es zulässig, Art und Umfang einer gebotenen Untersuchung in bestimmter Weise, etwa hinsichtlich der zu untersuchenden Eigenschaften und der dabei vorzugsweise anzuwendenden Methoden, zu konkretisieren und gegebenenfalls auch zu generalisieren, sofern dies durch die Umstände veranlasst oder durch eine in dieser Richtung verlaufende Verkehrsübung vorgezeichnet ist und die Konkretisierung oder Generalisierung eine hinreichende Rücksichtnahme auf die beiderseitigen Interessen erkennen lässt. Nicht mehr zulässig, sondern unangemessen benachteiligend ist es aber, wenn – wie im Streitfall – die Klausel ohne nähere Differenzierung nach Anlass und Zumutbarkeit stets eine vollständige Untersuchung der Ware auf ein Vorhandensein aller nicht sensorisch feststellbaren Mängel fordert und keinen Raum für Abweichungen lässt, in denen eine Untersuchung vernünftigerweise unangemessen ist oder ungeachtet eines selbst großzügig anzusetzenden berechtigten Bedürfnisses nach gewissen Standardisierungen sonst dem Käufer bei einer die beiderseitigen Interessen in den Blick nehmenden Weise nach Anlass, Art und/oder Umfang billigerweise nicht mehr zugemutet werden kann [...].

Darüber hinaus benachteiligt die Klausel die Klägerin entgegen den Geboten von Treu und Glauben unangemessen und ist gemäß § 307 Abs. 1 Satz 1 BGB unwirksam, weil sie einem Käufer vorgibt, die zu ziehenden Proben einem neutralen Sachverständigen zum Zwecke der Untersuchung zu übermitteln. Zwar sind auch in Allgemeinen Geschäftsbedingungen Regelungen möglich, die – etwa von einem vernünftigen Standardisierungsbestreben getragen – dem Käufer eine angemessene Untersuchungsmethode und eine nach dessen Ergebnissen zu formulierende Mängelrüge vorgeben, sofern ihm dies keine besonderen Mühen oder Kosten verursacht [...]. Kein vom Zweck des § 377 HGB getragenes Interesse besteht jedoch daran, einem Käufer – noch dazu auf dessen Kosten – zwingend die Beauftragung eines neutralen Sachverständigen vorzuschreiben und dadurch im Streitfall eine Untersuchung durch eigene Laboranalysen oder die Analysen eines sonst mit dem Käufer etwa durch ständige Geschäftsbeziehungen eng verbundenen Labors auszuschließen. Denn Zweck der Untersuchungsobliegenheit ist es nicht, die Beschaffenheit der gelieferten Ware schon vorab und ohne konkreten Anlass gleichsam gerichtsfest zu klären.

> Deren Zweck besteht vielmehr darin, eine im Falle der Mangelhaftigkeit erforderliche Mängelrüge vorzubereiten, also etwaige Mängel zu erkennen und über die dabei gewonnenen Erkenntnisse eine danach gebotene Mängelrüge hinreichend konkret zu formulieren. Dass es dazu im Streitfall nicht zwingend der Analyse eines neutralen Sachverständigen bedarf, liegt auf der Hand."

3) Zeitpunkt der Untersuchung („Wann beginnt und wie lange läuft die Frist?")

[Ablieferung] Nach § 377 Abs. 1 HGB hat der Käufer die Ware „unverzüglich nach der Ablieferung durch den Verkäufer" zu untersuchen. Die **Ablieferung** ist grundsätzlich erst dann erfolgt, wenn die Ware zur Erfüllung des Kaufvertrags vollständig in den Machtbereich des Käufers verbracht worden ist. Wenn von einer verkauften Sachgesamtheit – entgegen vertraglicher Vereinbarung – nur ein Teil geliefert worden ist, wenn der Käufer also noch nicht alle ihm nach dem Vertrag zustehenden Gegenstände erhalten hat, wird die Frist (noch) nicht in Gang gesetzt.[43]

[Beginn der Untersuchungsfrist] Die Ablieferung der Ware setzt die Frist für die Untersuchung in Gang. Die Rechtsprechung hat – soweit ersichtlich – (noch) nicht entschieden, ob der Lauf der Frist dadurch verhindert wird, dass eine vertraglich geschuldete **Dokumentation** nicht übergeben wird und die Untersuchung deshalb erschwert wird.[44] Jedenfalls wird man davon ausgehen, dass sich die Frist für die Untersuchung (und Rüge) bei nicht erfolgter Übergabe der vertraglich geschuldeten Dokumentation (Beispiel: fehlende Übergabe des Handbuchs beim Kauf von Software[45]) verlängert – zumindest dann, wenn das Fehlen der Dokumentation vom Käufer gerügt worden ist.

[Dauer der Untersuchungsfrist] § 377 Abs. 1 HGB verlangt die Durchführung der Untersuchung „unverzüglich nach der Ablieferung". Nach der in § 121 Abs. 1 BGB verwendeten (Legal-)Definition wird „unverzüglich" als „ohne schuldhaftes Zögern" beschrieben, wobei bei einem Handelsgeschäft die Sorgfalt des „ordentlichen Kaufmanns" zugrunde zu legen ist (§ 347 Abs. 1 HGB). Für die Praxis ist von folgender **Faustregel** auszugehen: Die erste Betrachtung und grobe Überprüfung der Ware hat **innerhalb eines**

43 BGH, Beschluss v. 08.04.2014 – VIII ZR 91/13, juris Rn. 6; vgl. auch BGH, Urt. v. 04.11.1992 – VIII ZR 165/91, NJW 1993, 461, juris Rn. 13, 19. Eine andere Beurteilung ist bei vertraglich vereinbarten Teil- oder Sukzessivlieferungen vorzunehmen, vgl. BGH, Urt. v. 16.09.1987 – VIII ZR 334/86, BGHZ 101, 337, juris Rn. 10.

44 BGH, Urt. v. 18.03.2003 – X ZR 209/00, juris Rn. 11.

45 Vgl. BGH, Urt. v. 22.12.1999 – VIII ZR 299/98, BGHZ 143, 307, juris Rn. 19.

Tages nach der Ablieferung zu erfolgen; hierzu gehört – gegebenenfalls anhand mitgelieferter Dokumente – die Prüfung, ob die gelieferte Ware nach Art und Menge der bestellten Ware entspricht (Ausschluss von Falschlieferung sowie von Zuwenig- oder Zuviellieferung). Im Anschluss hat eine detaillierte Prüfung zu erfolgen, die **bis zu einer Woche** dauern kann (Ausschluss von „offenen Mängeln“[46]).[47]

4) Inhalt, Form und Adressat der Rüge („Wie ist zu rügen?“)

[Beschreibung des Mangels] Der Käufer erfüllt seine Obliegenheit zur Rüge („Anzeige“), wenn der Verkäufer ihr entnehmen kann, in welchem Punkt der Käufer mit der gelieferten Ware nicht einverstanden ist: Der Käufer hat den **Mangel** zu **beschreiben**, ohne eine in Einzelheiten gehende, fachlich richtige Bezeichnung zu verwenden; die Ursache des Mangels muss der Käufer nicht angeben. Der Verkäufer soll angesichts der Beweisnot, in die er mit zunehmendem Zeitablauf zu geraten droht, in die Lage versetzt werden, möglichst bald den Beanstandungen des Käufers nachzugehen, gegebenenfalls Beweise sicherzustellen und zudem zu prüfen, ob er den als sicher oder möglicherweise berechtigt erkannten Beanstandungen nachkommen will; gleichzeitig soll er gegen ein Nachschieben anderer Beanstandungen durch den Käufer geschützt werden.[48] Der Käufer muss nicht mitteilen, welche Ansprüche er wegen des angezeigten Mangels geltend machen will.[49]

[Form] Für die Rüge schreibt § 377 Abs. 1 HGB zwar **nicht** die Einhaltung einer **besonderen Form** vor.[50] Für den Fall eines Rechtsstreits ist dem Käufer, der die Darlegungs- und Beweislast für den Inhalt einer Rüge trägt, jedoch zu raten, die Rüge zumindest in Textform, insbesondere per E-Mail (vgl. § 126b BGB), zu versenden beziehungsweise den Inhalt einer zuvor mündlich ausgesprochenen Rüge in Textform zu bestätigen.

---

46 Unter „offenen Mängeln“ werden nicht nur die offen zutage liegenden Mängel, sondern auch diejenigen Mängel verstanden, die mittels einer „nach ordnungsmäßigem Geschäftsgang tunlichen“ Untersuchung festgestellt werden können, vgl. nur BGH, Urt. v. 04.10.1970 – VIII ZR 156/68, BB 1970, 1416, juris Rn. 10; BGH, Urt. v. 20.04.1977 – VIII ZR 141/75, BB 1977, 1019, juris Rn. 11; BGH, Urt. v. 19.06.1991 – VIII ZR 149/90, NJW 1991, 2633, juris Rn. 25; OLG Hamm, Urt. v. 25.06.2010 – 19 U 154/09, juris Rn. 19; OLG Köln, Urt. v. 06.03.1998 – 19 U 185/97, NJW 1999, 565, juris Rn. 10.

47 Grunewald, in: Münchener Kommentar/HGB, Band 5, 5. Auflage 2021, § 377 Rn. 34, 37.

48 BGH, Urt. v. 18.06.1986 – VIII ZR 195/85, NJW 1986, 3136, juris Rn. 18; BGH, Urt. v. 14.05.1996 – X ZR 75/94, NJW 1996, 2228, juris Rn. 14; OLG Frankfurt/Main, Urt. v. 19.10.2021 – 26 U 49/19, juris Rn. 90.

49 BGH, Urt. v. 14.05.1996 – X ZR 75/94, NJW 1996, 2228, juris Rn. 17.

50 Grunewald, in: Münchener Kommentar/HGB, Band 5, 5. Auflage 2021, § 377 Rn. 75.

[Adressat] Nach § 377 Abs. 1 HGB ist es ausreichend, dass die Rüge **an den Verkäufer adressiert** und versendet wird, ohne eine bestimmte Person oder Abteilung anzugeben. Der *Bundesgerichtshof* hat in seinem *Beschluss vom 08.01.2019* eine in Allgemeinen Geschäftsbedingungen verwendete Klausel, wonach Mängel „ausschließlich gegenüber der Betriebsleitung" zu rügen sind, nach § 307 Abs. 1 Satz 1 BGB als unwirksam beurteilt, weil eine solche Klausel von der gesetzlichen Regelung abweicht.[51]

5) Zeitpunkt der Rüge („Wann beginnt und wie lange läuft die Frist?")

[Beginn und Dauer der Rügefrist] § 377 Abs. 1 HGB verlangt, dass der Käufer die Rüge „unverzüglich", d.h. „ohne schuldhaftes Zögern" (§ 121 Abs. 1 BGB), absendet, nachdem er – gegebenenfalls durch die „nach ordnungsmäßigem Geschäftsgang tunliche" Untersuchung – Kenntnis vom Vorliegen eines Mangels erhalten hat. Abzustellen ist auf den Zeitpunkt des Versands durch den Käufer, nicht auf den Empfang beim Verkäufer (vgl. § 377 Abs. 4 HGB: „Absendung"). Für die Praxis ist von einer **Frist von ein bis zwei Tagen** auszugehen.[52] Das Wochenende wird bei der Berechnung der Frist nicht einbezogen, denn § 193 BGB, wonach bei einem Fristablauf an die Stelle eines Sams- oder Sonntags der nächste Werktag tritt, ist auf die Mängelrüge (entsprechend) anzuwenden.[53] Eine Mängelrüge erst zwei Wochen nach Entdeckung des Mangels[54], erst sechs Wochen nach der Ablieferung[55] oder erst nach der (Weiter-)Verarbeitung der gelieferten Ware durch den Käufer[56] ist verspätet.

51 BGH, Beschluss v. 08.01.2019 – VIII ZR 18/18, juris Rn. 2.

52 OLG Brandenburg, Urt. v. 12.12.2012 – 7 U 102/11, MDR 2013, 534, juris Rn 29 (hinsichtlich der Frist nach § 377 Abs. 3 HGB); vgl. auch BGH, Urt. v. 13.03.1996 – VIII ZR 333/94, BGHZ 132, 175, juris Rn. 21 (hinsichtlich der Frist nach § 377 Abs. 3 HGB).

53 OLG Frankfurt/Main, Urt. v. 19.10.2021 – 26 U 49/19, juris Rn. 93; vgl. auch BGH, Urt. v. 13.03.1996 – VIII ZR 333/94, BGHZ 132, 175, juris Rn. 21 (hinsichtlich der Frist nach § 377 Abs. 3 HGB); OLG Brandenburg, Urt. v. 12.12.2012 – 7 U 102/11, MDR 2013, 534, juris Rn. 29 (hinsichtlich der Frist nach § 377 Abs. 3 HGB).

54 BGH, Urt. v. 30.01.1985 – VIII ZR 238/83, BGHZ 93, 338, juris Rn. 39; vgl. auch OLG Hamm, Urt. v. 12.04.2012 – 2 U 177/11, NJW-RR 2012, 1444, juris Rn. 38 (hinsichtlich der Frist nach § 377 Abs. 3 HGB).

55 OLG Köln, Urt. v. 06.03.1998 – 19 U 185/97, NJW-RR 1999, 565, juris Rn. 9.

56 OLG Hamm, Urt. v. 28.06.2006 – 19 U 174/05, juris Rn. 34 (hinsichtlich einer nach Art. 38 CISG/UN-Kaufrecht zu beurteilenden Untersuchung).

4.3.2 Bedeutung von Prüfbescheinigungen vor dem Hintergrund des Rechts der Mängelhaftung (Gewährleistung)

Prüfbescheinigungen werden sowohl bei der Auslieferung von Waren im Rahmen der Warenausgangsprüfung als auch bei der Entgegennahme von Waren im Rahmen der Wareneingangsprüfung verwendet. Einem Hersteller können Prüfbescheinigungen den Nachweis ermöglichen, dass der später bekannt gewordene Mangel im Zeitpunkt der Auslieferung (noch) nicht vorhanden war. Außerdem können Prüfbescheinigungen dem Verkäufer, gegenüber dem der Käufer einen Schadensersatzanspruch geltend macht, die Darlegung ermöglichen, nicht schuldhaft gehandelt zu haben (Exkulpation). Beim beiderseitigen Handelskauf können Prüfbescheinigungen, soweit der Käufer mit ihrer Hilfe die ihm obliegende „nach ordnungsmäßigem Geschäftsgang tunliche" Untersuchung (Wareneingangsprüfung) durchführt, den Ausschluss seiner Mängelansprüche verhindern.

a) Bedeutung für die Auslieferung von Waren (Warenausgangsprüfung)

[Mangel im Zeitpunkt des Gefahrübergangs] Bei Vorliegen eines Mangels kann der Käufer – vorbehaltlich des Vorliegens weiterer Voraussetzungen, namentlich der Durchführung einer nach „ordnungsgemäßem Geschäftsgange tunlichen" Untersuchung – Mängelansprüche gegenüber dem Verkäufer geltend machen; zu den Mängelansprüchen gehören Nachbesserung (Reparatur) oder (Ersatz-)Lieferung einer mangelfreien Sache, Rücktritt vom Vertrag, Minderung des Kaufpreises, Schadensersatz oder Ersatz vergeblicher Aufwendungen. Für das Vorliegen eines Sachmangels ist der **Zeitpunkt des Gefahrübergangs** maßgebend, der mit Übergabe der verkauften Sache an den Käufer, im Fall des Versendungskaufs mit Auslieferung an den Frachtführer eintritt. In der Praxis stellt sich häufig die Frage, ob der Sachmangel, dessen Vorliegen zu einem späteren Zeitpunkt außer Streit steht, schon zum (maßgeblichen) Zeitpunkt des Gefahrübergangs vorgelegen hat.[57] Wenngleich im Streitfall die Darlegungs- und Beweislast für die Mangelhaftigkeit der verkauften Sache nicht den Verkäufer, sondern den Käufer trifft, kann der Verkäufer mittels Vorlage einer Prüfbescheinigung den Nachweis führen, dass die Sache zumindest im Zeitpunkt der Prüfung durch den Hersteller (im Rahmen der Warenausgangsprüfung) den Mangel noch nicht aufgewiesen hat. Bei strenger rechtlicher Betrachtung wird dieser Nachweis im Streitfall

57 Die Vorschrift des § 477 BGB zur Beweislastumkehr, wonach die Mangelhaftigkeit im Zeitpunkt des Gefahrübergangs vermutet wird, wenn sich der Mangel nach Gefahrübergang zeigt, findet nur bei einem Verbrauchsgüterkauf, jedoch nicht bei einem beiderseitigen Handelskauf Anwendung.

nur dann vom Gericht als erheblich berücksichtigt, wenn Mängelansprüche gegenüber dem Hersteller geltend gemacht werden. Für den Hersteller ist es angezeigt, bei Gericht eine Verfahrensbeschreibung über die Prüfung und Ausstellung von Prüfbescheinigungen vorzulegen, deren Einhaltung durch Mitarbeiter, die als Zeugen vor Gericht auftreten, zu belegen ist.

[Verschulden des Verkäufers] Der Anspruch eines Käufers auf Schadensersatz setzt nicht nur einen Mangel der verkauften Sache und einen hierdurch verursachten Schaden voraus, sondern auch das Verschulden („Vertretenmüssen") des Verkäufers; die Darlegungs- und Beweislast für (fehlendes) Verschulden trägt der Verkäufer, der Verkäufer muss sich „exkulpieren". Prüfbescheinigungen können dem Hersteller, der eine mangelhafte Sache verkauft hat, die **Darlegung fehlenden Verschuldens** (Exkulpation) in bestimmten Fallkonstellationen ermöglichen. Dies kommt insbesondere dann in Betracht, wenn es sich bei der mangelhaften Sache um das Einzelstück einer Serie handelt und die anderen Stücke dieser Serie mangelfrei sind („**Ausreißer**"). Insoweit liegt die gerichtliche Würdigung nahe, dass Herstellung und Auslieferung der mangelhaften Sache im Rahmen der Warenausgangsprüfung und ihrer Dokumentation mittels Prüfbescheinigungen mit vertretbaren Mitteln nicht feststellbar und vermeidbar waren und deshalb nicht schuldhaft erfolgt sind. Im Unterschied zum Hersteller ist für den Händler, der eine mangelhafte Sache verkauft hat, die Vorlage einer Prüfbescheinigung (nur) von geringer Bedeutung, weil der Hersteller nicht Erfüllungsgehilfe des Händlers ist und der Händler ein etwaiges Verschulden des Herstellers deshalb nicht vertreten muss.

b) Bedeutung für die Entgegennahme von Waren (Wareneingangsprüfung)

[Wareneingangsprüfung] Beim beiderseitigen Handelskauf obliegt dem Käufer nach § 377 Abs. 1 HGB die Durchführung einer Untersuchung der gelieferten Ware und im Fall eines Mangels dessen Rüge („Anzeige") gegenüber dem Verkäufer. Unterlässt der Käufer Untersuchung und Rüge der gelieferten Ware, sind Mängelansprüche – Nachbesserung (Reparatur) oder (Ersatz-)Lieferung einer mangelfreien Sache, Rücktritt vom Vertrag, Minderung des Kaufpreises, Schadensersatz oder Ersatz vergeblicher Aufwendungen – ausgeschlossen, weil die Ware als genehmigt gilt. Zu Art und Umfang der Untersuchung verwendet § 377 Abs. 1 HGB die Formulierung „nach ordnungsmäßigem Geschäftsgange tunlich"; die Untersuchung hat der Käufer „unverzüglich nach der Ablieferung" durchzuführen, die Rüge „unverzüglich" nach Kenntnis des Mangels. Die den Käufer treffende Untersuchungs- und Rügeobliegenheit kann nicht durch vorformulierte Vertragsbedingungen, die der Käufer dem Verkäufer stellt (Allgemeine Geschäftsbedingungen), abbedungen werden. Indes können Art und Umfang der Untersuchung durch Vertrag, unter Berücksichtigung der wesentlichen Grundgedanken der gesetzlichen Regelung auch im Wege Allgemeiner Geschäftsbedingungen, geregelt werden. Aus Rechtsgründen ist es nicht erforderlich und aus wirtschaftlichen Gründen ist es nicht sinnvoll, dass sowohl der Verkäufer im Rahmen der Warenausgangsprüfung als auch der Käufer im Rahmen der Wareneingangsprüfung die gleiche Untersuchung der Ware vornehmen.

[Übernahme der Prüfergebnisse aus Prüfbescheinigungen] Im Kaufvertrag oder in einer gesonderten Vereinbarung – häufig als „Qualitätssicherungsvereinbarung“ bezeichnet – kann geregelt werden, dass der Verkäufer zusammen mit der Ware Prüfbescheinigungen (mit-)liefert, mittels derer der Käufer die ihm obliegende Untersuchung der Ware durchführen kann. Ob die Prüfung der Ware mittels (mitgelieferter) Prüfbescheinigungen als „nach ordnungsmäßigem Geschäftsgange tunliche“ Untersuchung angesehen werden kann, ist im Einzelfall anhand verschiedener Kriterien – Kosten- und Zeitaufwand, zur Verfügung stehende Prüfmöglichkeiten, Gewicht möglicher Folgen eines Mangels, Auffälligkeiten – zu beurteilen. **Im Regelfall erlauben Prüfbescheinigungen**, denen eine spezifische Prüfung durch den Hersteller zugrunde liegt, **die Übernahme der** in der Bescheinigung dokumentierten **Prüfergebnisse durch den Käufer**; der Käufer ist nicht gehalten, die dort aufgeführten Werte selbst zu ermitteln. Hierbei ist zu berücksichtigen, ob und inwieweit dem Käufer die Lieferkette der Ware und der (mitgelieferten) Prüfbescheinigungen vom Hersteller zu ihm bekannt ist; Änderungen der Ware und der (mitgelieferten) Prüfbescheinigungen durch Akteure in der Lieferkette sind auszuschließen. Schließlich ist auch zu berücksichtigen, ob der Hersteller durch strenge Prozessvorgaben die Ausstellung der Prüfbescheinigungen und der dort dokumentierten Prüfungen geregelt hat und sich der Käufer durch ein eigenes „Audit“ beim Hersteller von den Prozessvorgaben und deren Einhaltung regelmäßig überzeugt.

4.4 Zusammenfassung und Empfehlungen für die Praxis

Die rechtliche Bedeutung von Prüfbescheinigungen ist für die unterschiedlichen Rechtsgebiete Produktsicherheit, Produkthaftung und Mängelhaftung (Gewährleistung) gesondert zu betrachten. Aus der rechtlichen Bedeutung von Prüfbescheinigungen lassen sich Empfehlungen für die Praxis ableiten.

4.4.1 Bedeutung von Prüfbescheinigungen vor dem Hintergrund des Produktsicherheitsrechts

Prüfbescheinigungen haben Bedeutung sowohl für das Bereitstellen von Produkten auf dem Markt als auch für die (behördliche) Marktüberwachung.

a) Bedeutung für das Bereitstellen von Produkten auf dem Markt

Viele Produkte dürfen nur dann auf dem Markt bereitgestellt werden, wenn sie spezielle Anforderungen erfüllen und der Hersteller ein Konformitätsbewertungsverfahren durchführt und sodann eine Konformitätserklärung ausstellt. Prüfbescheinigungen über die verwendeten Einsatz- oder Werkstoffe, die der Hersteller dieser Einsatz- oder Werkstoffe ausstellt, ermöglichen dem Hersteller des (End-)Produkts die Durchführung des Konformitätsbewertungsverfahrens, zumindest erleichtern sie es. Für bestimmte Teile, die für die Herstellung von Druckgeräten verwendet werden, ist der Nachweis über die Einhaltung der maßgeblichen Anforderungen durch eine Prüfbescheinigung dieser Teile zu erbringen, die auf der Grundlage spezifischer Prüfung ausgestellt ist.

b) Bedeutung für die (behördliche) Marktüberwachung

Prüfbescheinigungen ermöglichen dem Hersteller eines Produkts, das im Verdacht steht, nichtkonform zu sein, diesen Verdacht gegenüber der Marktüberwachungsbehörde auszuräumen, zumindest erleichtern sie es. Denn der Hersteller kann mittels Prüfbescheinigungen die Lieferkette der Einsatz- oder Werkstoffe darlegen. Ein Händler kann mittels Prüfbescheinigungen den Hersteller benennen. Außerdem kann durch Prüfbescheinigungen die Menge der auf dem Markt befindlichen Produkte, welche dieselben technischen Spezifikationen wie das nichtkonforme Produkt aufweisen, eingegrenzt werden. Folglich versetzen Prüfbescheinigungen den Hersteller oder Händler in die Lage, die Anordnung behördlicher Marktüberwachungsmaßnahmen abzuwehren oder zumindest in ihrem Umfang (auf eine Teilmenge) zu begrenzen.

4.4.2 Bedeutung von Prüfbescheinigungen vor dem Hintergrund des Produkthaftungsrechts

Prüfbescheinigungen ermöglichen dem Hersteller eines Produkts den Nachweis, dass der Fehler im Zeitpunkt des Inverkehrbringens (noch) nicht vorhanden war. Außerdem sind Prüfbescheinigungen für den Nachweis fehlenden Verschuldens (Exkulpation) im Rahmen der (deliktischen) Produkthaftung (§§ 823 ff. BGB) von Bedeutung.

a) Bedeutung für die Auslieferung von Produkten (Warenausgangsprüfung)

Prüfbescheinigungen ermöglichen dem Hersteller eines Produkts den Nachweis, dass im Zeitpunkt seines Inverkehrbringens (noch) kein Fehler vorlag. Soweit ein schuldhaftes Verhalten des Herstellers Voraussetzung der (deliktischen) Produkthaftung (§§ 823 ff. BGB) ist, kommt die Darlegung fehlenden Verschuldens (Exkulpation) mittels Prüfbescheinigungen in bestimmten Fallkonstellationen in Betracht: Wenn es sich bei dem fehlerhaften Produkt um das Einzelstück einer Serie handelt und die anderen Stücke dieser Serie fehlerfrei sind („Ausreißer“), liegt die Annahme nahe, dass Herstellung und Auslieferung des fehlerhaften Produkts im Zuge einer Warenausgangsprüfung und ihrer Dokumentation mittels Prüfbescheinigungen mit vertretbarem Aufwand nicht feststellbar und vermeidbar waren und deshalb nicht schuldhaft erfolgt sind.

b) Bedeutung für die Entgegennahme zugelieferter Teile (Wareneingangsprüfung)

Um die (deliktische) Produkthaftung (§§ 823 ff. BGB) auszuschließen, muss der Hersteller eines Endprodukts nachweisen, dass ihn bei der Weiterverarbeitung zugelieferter Teile, welche fehlerhaft sind und den Fehler des Endprodukts ausmachen oder verursachen, kein Verschulden trifft (Exkulpation). Der Hersteller des Endprodukts kann darlegen, eine Wareneingangsprüfung mittels der Prüfbescheinigungen durchgeführt zu haben, die der Hersteller der zugelieferten Teile ausgestellt hat; da die Fehlerhaftigkeit der zugelieferten Teile mit vertretbarem Aufwand nicht festgestellt werden konnte, waren Weiterverarbeitung der fehlerhaften Zulieferteile und Fehlerhaftigkeit des Endprodukts nicht vermeidbar und sind deshalb nicht schuldhaft erfolgt.

4.4.3 Bedeutung von Prüfbescheinigungen vor dem Hintergrund des Rechts der Mängelhaftung (Gewährleistung)

Einem Hersteller erlauben Prüfbescheinigungen den Nachweis, dass der Mangel der Sache im Zeitpunkt des Gefahrübergangs (noch) nicht vorhanden war. Außerdem ermöglichen Prüfbescheinigungen dem Verkäufer, gegenüber dem der Käufer einen Schadensersatzanspruch geltend macht, die Darlegung, nicht schuldhaft gehandelt zu haben (Exkulpation). Beim beiderseitigen Handelskauf tragen Prüfbescheinigungen, mit deren Hilfe der Käufer die ihm obliegende „nach ordnungsmäßigem Geschäftsgang tunliche“ Untersuchung durchführt, dazu bei, den Ausschluss seiner Mängelansprüche zu verhindern.

a) Bedeutung für die Auslieferung von Waren (Warenausgangsprüfung)

   Prüfbescheinigungen erlauben dem Hersteller den Nachweis, dass die Sache im Zeitpunkt des Gefahrübergangs den später bekannt gewordenen Mangel (noch) nicht aufgewiesen hat. Gegenüber einem geltend gemachten Schadensersatzanspruch ermöglichen Prüfbescheinigungen dem Hersteller, der eine mangelhafte Sache verkauft hat, die Darlegung fehlenden Verschuldens vor allem bei einem „Ausreißer“ (Exkulpation). Es liegt nämlich nahe, dass Herstellung und Auslieferung der mangelhaften Sache im Rahmen der Warenausgangsprüfung und ihrer Dokumentation mittels Prüfbescheinigungen mit vertretbarem Aufwand nicht feststellbar und vermeidbar waren und deshalb nicht schuldhaft erfolgt sind.

b) Bedeutung für die Entgegennahme von Waren (Wareneingangsprüfung)

   Beim beiderseitigen Handelskauf obliegt dem Käufer nach § 377 Abs. 1 HGB die Untersuchung der gelieferten Ware und im Fall eines Mangels dessen Rüge („Anzeige“) gegenüber dem Verkäufer, andernfalls seine Mängelansprüche gegenüber dem Verkäufer ausgeschlossen sind. Prüfbescheinigungen, denen eine spezifische Prüfung durch den Hersteller zugrunde liegt, erlauben dem Käufer die Übernahme der in der Bescheinigung dokumentierten Prüfergebnisse; der Käufer ist nicht gehalten, die dort aufgeführten Werte selbst zu ermitteln, sondern kann sie im Rahmen seiner Wareneingangsprüfung verwenden.

4.4.4 Empfehlungen für die Praxis

Sorgen Sie als Hersteller für die Ausstellungen von Prüfbescheinigungen auf der Grundlage einer spezifischen Prüfung der Erzeugnisse! Nehmen Sie eine spezifische Prüfung selbst dann vor, wenn Ihre Kunden dies nicht verlangen. In einer Prozessbeschreibung sind Vornahme der Prüfungen und Ausstellung der Prüfbescheinigungen zu regeln. Die Einhaltung der Vorgaben ist regelmäßig durch (interne und externe) Audits zu dokumentieren. Stellen Sie sich vor, dass Sie die Einhaltung der Vorgaben vor Gericht beweisen müssen. Hierzu werden Sie Führungskräfte und Mitarbeiter Ihres Unternehmens, aber auch diejenigen, die ein Audit durchgeführt haben, als Zeugen benennen.

Sorgen Sie als Hersteller für die sichere Archivierung der Prüfbescheinigungen für mindestens zehn Jahre! Beauftragen Sie den Wirtschaftsprüfer, der den Jahresabschluss Ihres Unternehmens prüft, damit, den Prozess der Archivierung zu beurteilen und die Einhaltung der Vorgaben zur Archivierung zu bestätigen.

Sorgen Sie als Hersteller für den sicheren Versand der Prüfbescheinigungen! Bieten Sie auch Nicht-Kunden an, den Inhalt einer Prüfbescheinigung zu überprüfen. Veröffentlichen Sie auf der Website Ihres Unternehmens die Prüfbescheinigungen, deren Inhalt nachträglich verfälscht oder als falsch erkannt worden ist.

Vereinbaren Sie als Käufer mit dem Verkäufer, dass Ihnen Prüfbescheinigungen auf der Grundlage einer spezifischen Prüfung zusammen mit der Ware geliefert werden! In einer Prozessbeschreibung ist die Ihnen obliegende Wareneingangsprüfung mittels Prüfbescheinigungen und gegebenenfalls weiterer Untersuchungen zu regeln. Die Durchführung ist zu dokumentieren. Führen Sie regelmäßig Audits beim Hersteller durch, um sich von der sorgfältigen Ausstellung der Prüfbescheinigungen zu überzeugen. Stellen Sie sich vor, dass Sie die Durchführung der Wareneingangsprüfung vor Gericht beweisen müssen. Hierzu werden Sie Führungskräfte und Mitarbeiter Ihres Unternehmens als Zeugen benennen.

Vereinbaren Sie als Käufer mit dem Verkäufer, dass die Frist zur Wareneingangsprüfung erst mit Erhalt der Prüfbescheinigungen beginnt! Tauschen Sie sich mit dem Verkäufer über Art und Umfang der Wareneingangsprüfung und Form und Adressat der Rüge aus und halten Sie dies „partnerschaftlich" in einer individuellen Vereinbarung fest. Verzichten Sie auf die Festlegung „unfairer" Regelungen wie einem pauschalen Entgelt für eine Mängelrüge in vorformulierten Bedingungen; denn solche Regelungen verstoßen gegen zivil- und wettbewerbsrechtliche Vorschriften.

Sorgen Sie als Hersteller und als Käufer für die Qualifizierung Ihrer Führungskräfte und Mitarbeiter, die Warenausgangsprüfungen beziehungsweise Wareneingangsprüfungen durchführen! Die Qualifizierung hat das Ziel, Fehler beziehungsweise Mängel sowie deren Ursachen zu erkennen und zukünftig zu vermeiden. Außerdem sollen Führungskräfte und Mitarbeiter zu verantwortlichem Handeln angeleitet werden, um Rechts- und Regelverstöße zu erkennen und zukünftig zu vermeiden (Compliance).

5 Prüfbescheinigungen – Online-Datenaustausch als wichtiger Baustein zur Digitalisierung

Eric Diehl

5.1 Das papierlose Büro – eine Utopie?!

Bereits vor einigen Jahrzehnten wurde in verschiedenen Publikationen der Begriff „Das papierlose Büro“ geprägt. Mitte der 1980er-Jahre war man dann davon überzeugt, innerhalb weniger Jahre, maximal eines Jahrzehnts sei dieser Zustand erreicht. Jetzt, 35 Jahre später, kann nur konstatiert werden: Wir sind davon immer noch weit entfernt. Nach wie vor und trotz verbesserter juristischer Rahmenbedingungen wird im Geschäftsverkehr an vielen Stellen auf Papier gesetzt. Beispielsweise ist in fast allen Bereichen des Alltags noch die Rechnung in Papierform der Standard. Viele Unternehmen müssen einen hohen Aufwand betreiben, um eingehende Rechnungen in Papierform zu scannen, entsprechend zu indizieren und in einem Dokumentenmanagementsystem (DMS) abzulegen, um dann die zugehörigen Geschäftsvorgänge im ERP-System zu buchen und z. B. entsprechende Zahlungen anzustoßen.

Neben den offensichtlichen Nachteilen (unter anderem auch im Hinblick auf die Umwelt) hat der Ausdruck auf Papier deutliche Vorteile: Trotz diverser Hilfsmittel in verschiedenen Programmen lassen sich Dokumente in gedruckter Form viel leichter kontrollieren oder mit Anmerkungen/Korrekturen versehen als elektronische Dokumente. Aufgrund dessen werden elektronisch verteilte Dokumente oftmals noch als Arbeitskopie ausgedruckt und auch so archiviert.

Des Weiteren ist zu erkennen, dass in bestimmten Branchen bzw. Regionen tendenziell noch immer am Papier festgehalten wird.

Als Fazit bleibt festzustellen: Auch in den kommenden Jahren wird es die Notwendigkeit geben, Prüfbescheinigungen in Papierform auszudrucken und zu übermitteln. Insgesamt wird dieser Anteil aber weiter zurückgehen und durch elektronische Übermittlungsformen ersetzt werden.

5.2 Normative Vorgaben der DIN EN 10204

Gemäß DIN EN 10204 ist die Aufbewahrung und die Weitergabe von Prüfbescheinigungen entweder auf elektronischem Weg oder in Papierform möglich (Kap. 5).

Was genau mit der Aussage „auf elektronischem Weg" gemeint ist, wird in der Norm nicht näher spezifiziert.

Generell lassen sich verschiedene Arten der Weitergabe von Bescheinigungsinhalten unterscheiden:

1) Exaktes elektronisches Abbild einer „Papier"-Prüfbescheinigung (z. B. als PDF-, TIFF-, JPEG-Datei)

2) Datentransfer von Bescheinigungsinhalten

3) Online-Zugriff auf Bescheinigungsdaten (z. B. per App oder Browser)

Da eine Prüfbescheinigung eine Bestätigung der Konformität von Erzeugnissen mit den in einer Norm oder einem Kundenlastenheft festgelegten Anforderungen darstellt, kann streng genommen nur Punkt 1 in der oben dargestellten Auflistung die Anforderungen der Norm DIN EN 10204 erfüllen.

Dennoch wird in immer stärkerem Maße von Kunden die Weitergabe von Bescheinigungsinhalten z. B. per Datentransfer oder eines anderen digitalen Zugriffs auf die entsprechenden Daten gefordert. Dadurch soll der Zugriff, die Suche und Auffindbarkeit von Bescheinigungsinhalten sowie deren weitere Verarbeitung vereinfacht werden.

5.3 Elektronische Fremdabnahmezeugnisse

Eine besondere Herausforderung hinsichtlich der Bestätigung von Prüfbescheinigungen stellen Abnahmeprüfzeugnisse 3.2 dar. Ein Abnahmeprüfzeugnis 3.2 ist nach DIN EN 10204 eine Bescheinigung mit Angabe der Prüfergebnisse, in der

- sowohl von einem von der Fertigungsabteilung unabhängigen Abnahmebeauftragten des Herstellers
- als auch von dem Abnahmebeauftragten des Bestellers oder den in amtlichen Vorschriften genannten Abnahmebeauftragten

bestätigt wird, dass die gelieferten Erzeugnisse die in der Bestellung festgelegten Anforderungen erfüllen.

Obwohl DIN EN 10204 lediglich die Angabe des Namens und der Dienststellung der verantwortlichen Person verlangt, die eine Prüfbescheinigung bestätigt, ist es heute gängige Praxis, ein Faksimile der Unterschrift der betreffenden Person zusätzlich auszugeben.

Bei der Bestätigung von Zeugnissen in Papierform wird die Bestätigung in der Regel durch eine manuelle Unterschrift und ggf. einen Stempel sowie weitere Hinweise (z. B. interne Nummerierung des Geschäftsvorgangs der jeweiligen Abnahmegesellschaft) bewerkstelligt.

Um auch im Bereich der Fremdabnahme die beschriebenen Vorteile der elektronischen Weitergabe von Prüfbescheinigungen nutzen zu können, müssten die Zeugnisse mit Stempel und Unterschrift gescannt und anschließend verteilt werden. Das ist relativ aufwendig, führt zu großen Dateien und die Inhalte der gescannten Dokumente sind nicht ohne Weiteres auslesbar.

Besser wäre die Schaffung eines Workflows, bei dem der oder die Fremdabnehmer in den Prozess der Zeugniserstellung eingebunden werden, zwecks Ausgabe des Zeugnisses mit Faksimile von Unterschrift und Stempel der Abnahmegesellschaft(en) als kompakte rechnergenerierte Datei.

5.3.1 Workflow Fremdabnahmezeugnisse als Webanwendung

Um ein elektronisch generiertes Zeugnis auch durch einen Fremdabnehmer freizugeben, muss also ein Weg gefunden werden, den analogen Prüf- und Freigabeprozess digital abzubilden.

Um die Freigabe ortsunabhängig möglich und so den Prozess schneller zu machen sowie den Aufwand auf beiden Seiten zu reduzieren, bietet sich eine Webanwendung an.

Der Hersteller erstellt die Abnahmeprüfzeugnisse mit seinem Haussystem und stellt sie dem Fremdabnehmer, der sich mit einer persönlichen Kennung anmeldet, zur Kontrolle und Freigabe (oder Ablehnung) zur Verfügung.

Ist die Kontrolle erfolgt und die Freigabe erteilt, wird diese Information an den Hersteller zurückgeliefert, wodurch dieser wiederum in seinem System das Zeugnis (jetzt mit Unterschrift und Dienstsiegel des Fremdabnehmers) fertigstellen und zur Verteilung freigeben kann.

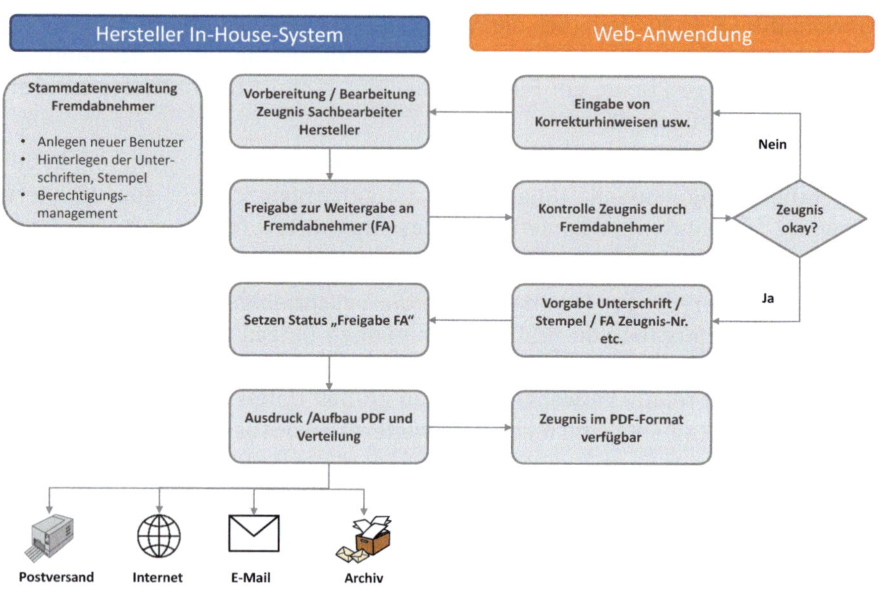

Bild 5.1: Workflow Fremdabnahmezeugnis per Webanwendung

5.4 Datentransfer

Die elektronische Übermittlung der Bescheinigungsinhalte hat in der Praxis maßgebliche Vorteile. Die Daten stehen schnell zur Verfügung und können ohne größeren Aufwand für qualitätssichernde, statistische oder sonstige Zwecke weiterverarbeitet werden.

Durch eine schnelle Datenübermittlung kann gewährleistet werden, dass die Daten aus der Prüfbescheinigung dem Kunden bereits bei Materialanlieferung vorliegen.

So kann schon bei Wareneingang etwa nach Chargen oder späteren Prüflosen sortiert werden und Maschinen sowie Prozesse können vorab auf das eintreffende Material eingestellt werden (z. B. optimale Vorwärmtemperatur beim Brennschneiden). Das minimiert die Rüstzeit und hilft, die Produktionsabläufe zu optimieren.

Insbesondere bei großen Lieferlosen ergeben sich immense Datenmengen, die in der Prüfbescheinigung wiedergegeben werden. Schon bei einem einfachen Baustahl sind dies beispielsweise jeweils Datensätze zur Identität des Erzeugnisses, Abmessungen, Angaben zum Geschäftsvorgang wie die Lieferspezifikation, die Auftrags- und Kundendaten, die chemische Analyse, Ergebnisse der zerstörenden und zerstörungsfreien Werkstoffprüfung sowie Daten zum Versand u. v. m. All diese Daten müssen erfasst und verarbeitet werden. Neben dem hohen Aufwand, den dieser Vorgang mit sich bringt, birgt jeder Übertragungsvorgang auch ein gewisses Fehlerpotenzial. Auch bei teilautomatisierten Prozessen kann eine unterschiedliche Formatierung der Ausgangs- und Zieldateien z. B. zu Rundungsverfälschungen führen.

5.4.1 Elektronischer Datenaustausch

Elektronischer Datenaustausch oder EDI (Electronic Data Interchange) findet in vielen Geschäftsbereichen Anwendung und dient der Automatisierung von Geschäftsprozessen zum Austausch zwischen Hersteller und Besteller, beispielsweise im Bestellwesen oder Rechnungswesen. Als wesentlicher Ansatz zur Standardisierung ist hier UN/EDIFACT (United Nations Electronic Data Interchange for Administration, Commerce and Transport) zu nennen. In sogenannten Subsets werden die Inhalte branchenspezifisch strukturiert und einer gewissen Normung unterzogen. Hier ist beispielsweise das in der Automobilindustrie genutzte Subset ODETTE oder EANCOM für die Konsumgüterindustrie zu nennen. Für die Stahlbranche hat sich derzeit noch kein eigenes Subset etabliert. Es kann aber zwischen Hersteller und Besteller ein individuelles Format für eine Datenübertragung vereinbart werden. Sinnvollerweise würde sich ein Aufbau nach den Vorgaben der Norm DIN EN 10168 (Stahlerzeugnisse – Prüfbescheinigungen – Liste und Beschreibung der Angaben) anbieten.

So ist sichergestellt, dass die übermittelten Daten im richtigen Format an der richtigen Stelle im Zielsystem zur Verfügung stehen. Dies erfolgt ohne manuelle Arbeitsschritte und ist somit schnell, fehlerfrei und rückverfolgbar. Die auf diese Weise zur Verfügung gestellten Daten können vom Empfänger direkt in seinen Systemen weiterverwendet und verarbeitet werden.

5.4.2 Zugriff auf Online-Daten

Sehr hilfreich kann auch die Verfügbarkeit von Produktdaten auf Mobilgeräten wie Tablets oder Smartphones sein. Damit stehen die Daten direkt vor Ort zur Verfügung und können im Büro genauso wie in den Werkhallen bei der Wareneingangsprüfung oder bei der Weiterverarbeitung unmittelbar am Produkt eingesehen werden. So können beispielsweise Grobbleche mittels Barcode-Scan (oder manueller Eingabe der Ident-Daten) identifiziert werden und dann kann eine übersichtliche Darstellung der zugehörigen Zeugnisinformationen sowie alle Prüfergebnisse abgerufen werden.

Für den Kunden hat dieser Ansatz weiterhin den Vorteil, dass er sich der Echtheit des Produkts versichern kann, indem er die Daten dazu direkt beim Hersteller abruft.

Zudem bietet eine App eine ideale Plattform, um weitere Tools zu integrieren, auf die bei Bedarf direkt mit den vorliegenden Produktdaten abgesprungen werden kann, etwa zur Berechnung schweißtechnischer Kennwerte wie Abkühlzeit oder Härte in der Wärmeeinflusszone.

Sie ermöglicht auch dem Hersteller, weitere Informationen und Hilfestellungen zur Verfügung zu stellen oder den Kunden per Push-Nachrichten mit wichtigen Informationen zu versorgen.

Die Möglichkeiten sind hier sehr vielfältig.

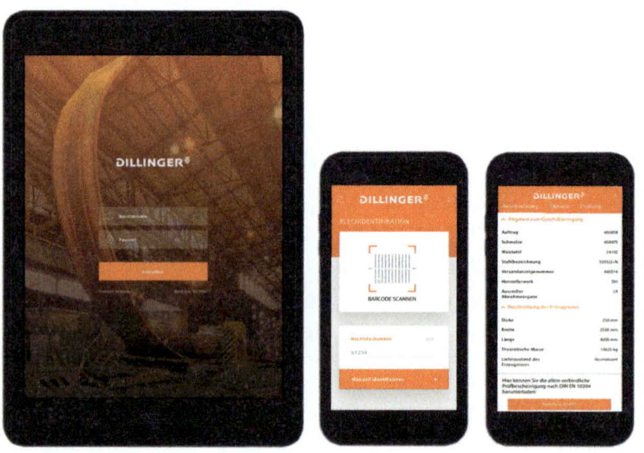

Bild 5.2: Bsp.: Dillinger Kunden-App „E-Connect“

5.4.3 Export in gängige Dateiformate

Eine weitere (teil-)automatisierte Möglichkeit der Übertragung von Bescheinigungsdaten ist die Nutzung von Standardsoftware (z. B. Microsoft Excel). Dies bietet sich vor allem dann an, wenn die zu erwartenden Datenmengen überschaubar sind, etwa bei kleineren Bestellmengen, oder wenn bei vielen unterschiedlichen Herstellern Material bezogen wird und somit eine Programmierung von Schnittstellen nicht verhältnismäßig erscheint.

Hier kann man einen Export von Bescheinigungsinhalten in maschinenlesbare Formate wie CSV, XML oder JSON vorsehen. So wird dem Kunden die Möglichkeit geboten, die Daten nach dem Export komfortabel im Rahmen der Möglichkeiten beispielsweise von MS Excel weiterzuverarbeiten.

5.5 Zusammenfassung

Die genannten Verfahren bringen einen immensen Mehrwert in der Praxis. Es muss aber festgehalten werden, dass aus Sicht des Herstellers die seinerseits erstellte Prüfbescheinigung in PDF oder Papierform maßgebend ist, damit vom Hersteller nicht beeinflussbare Faktoren, die eventuell zu Abweichungen führen, ausgeschlossen werden.

Zusammenfassend heißt das: Die elektronische Übermittlung von Bescheinigungsdaten ist in der Praxis extrem wichtig und hilfreich und wird mit der Fortentwicklung der Rechnersysteme weiterhin an Bedeutung gewinnen. Sie ist aber nur als Add-on zur Prüfbescheinigung anzusehen, bei Abweichungen sollte immer die vom Hersteller erstellte Prüfbescheinigung herangezogen werden.

6 Antworten auf häufig gestellte Fragen im Zusammenhang mit der Anwendung von DIN EN 10204:2005 [1]

Ergebnis der Arbeit des NA 062-08-92 AA „Probenahme, Abnahme"

Nachdem DIN EN 10204:2005 veröffentlicht wurde, hatte der zuständige Arbeitsausschuss NA 062-08-92 AA „Probenahme, Abnahme" des Normenausschusses Materialprüfung (NMP) unter Beteiligung von Vertretern der Stahlhersteller, Normenanwendern aus verschiedenen industriellen Bereichen, Vertretern der Händler und juristischen Sachkundigen eine Zusammenstellung von häufig gestellten Fragen vorgenommen und entsprechende Antworten zu vier Themenkomplexen erarbeitet:

- Abnahmebeauftragter
- Prüfbescheinigungen
- Nichtspezifische/spezifische Prüfung
- Händler

Dieser Abschnitt gibt Anwendern der Norm eine Hilfe bei der Beantwortung immer wieder gestellter Fragen.

6.1 Abnahmebeauftragter

Was ist ein Abnahmebeauftragter?

Abnahmebeauftragter ist eine Funktionsbezeichnung für eine Person, die Prüfbescheinigungen bestätigt.

Welche Abnahmebeauftragten unterscheidet die DIN EN 10204 [1]?

In Abschnitt 4 der Norm werden nachstehende Abnahmebeauftragte unterschieden:

- der Abnahmebeauftragte des Herstellers
- der Abnahmebeauftragte des Bestellers
- der in amtlichen Vorschriften genannte Abnahmebeauftragte

Der Abnahmebeauftragte des Herstellers wird von diesem im Rahmen seiner Organisationsverantwortung zur Bestätigung der Prüfbescheinigungen autorisiert.

Speziell für Stahlerzeugnisse werden die o. g. Abnahmebeauftragten auch in DIN EN 10021 [2] in Bezug genommen.

Der Abnahmebeauftragte des Bestellers und der in amtlichen Vorschriften genannte Abnahmebeauftragte werden auch als externe Abnahmebeauftragte bezeichnet.

Besteht ein Unterschied zwischen „Abnahmebeauftragter des Herstellers“ und „Werkssachverständiger“?

Nein, Abnahmebeauftragter ist der aktuelle, in DIN EN 10204 [1] und DIN EN 10021 [2] verwendete Begriff.

Welche Anforderungen gelten für einen Abnahmebeauftragten eines Herstellers?

Aus der Funktion des Abnahmebeauftragten folgt, dass Fachgebietskenntnisse (Erzeugnisse/Prüfverfahren), Erfahrungen im Qualitätswesen und in der Abnahme vorhanden sein sollten (Entsprechendes gilt sinngemäß für externe Abnahmebeauftragten).

Der Hersteller kann in einer Funktions- oder Arbeitsplatzbeschreibung Details nach eigenem Ermessen festlegen.

Muss jeder Hersteller einen Abnahmebeauftragten haben?

Nein, nur im Fall der Bestätigung von Abnahmeprüfzeugnissen 3.1 oder 3.2.

Muss der Abnahmebeauftragte des Herstellers unabhängig von der Fertigungsabteilung sein?

Ja, nach 4.1 und 4.2 von DIN EN 10204 [1]. Die Unabhängigkeit bezieht sich auf die fachliche Entscheidungsbefugnis in Abnahmefragen.

Müssen spezifische Prüfungen immer vom Abnahmebeauftragten persönlich durchgeführt werden?

Nein, bedingt durch Umfang und Art der Prüfungen ist das zum Teil nicht möglich. Jedoch muss der Abnahmebeauftragte seiner generellen „Aufsichtspflicht“ nachweisbar in angemessenem Umfang nachkommen.

Muss der Abnahmebeauftragte des Herstellers (oder der externe Abnahmebeauftragte) bei allen Schritten der Abnahme (z. B. Probenahme und -fertigung, Prüfung) anwesend sein?

Nein, sofern der Abnahmebeauftragte aufgrund organisatorischer Maßnahmen oder anderer vertrauensbildender Umstände seiner Verantwortlichkeit auch ohne ständige Anwesenheit gerecht werden kann. So können z. B. mit Abnahmegesellschaften „Vereinbarungen zur Probennahme und Prüfung durch den Hersteller" abgeschlossen werden. Durch die Tätigkeit externer Abnahmebeauftragter darf der Produktions- und Prüfablauf nicht gestört werden (siehe für Stahlerzeugnisse z. B. 8.3.1.3 und 8.3.1.4 in DIN EN 10021 [2]).

Sind mit dem Wegfall der Abnahmeprüfzeugnisse 3.1.A (in den amtlichen Vorschriften genannter Sachverständiger) und 3.1.C (Abnahmebeauftragter des Bestellers) der DIN EN 10204:1995 auch die entsprechenden Abnahmetätigkeiten weggefallen?

Nein, die Abnahmetätigkeiten bleiben unverändert bestehen. Die beiden weggefallenen Zeugnisarten 3.1.A und 3.1.C werden durch das Abnahmeprüfzeugnis 3.2 abgedeckt.

6.2 Prüfbescheinigungen

Müssen Prüfbescheinigungen unterschrieben werden?

Nein, jedoch müssen die Prüfbescheinigungen den Namen und die Dienststellung der Person(en) enthalten, die die Bestätigung vorgenommen hat (haben), (siehe Abschnitt 5 von DIN EN 10204 [1]).

Müssen Abnahmeprüfzeugnisse 3.2 aus einem Dokument bestehen, das die Bestätigung von beiden Abnahmebeauftragten (Abnahmebeauftragter des Herstellers und externer Abnahmebeauftragter) enthält?

Ja, diese Verfahrensweise entspricht 4.2 von DIN EN 10204 [1].

Der externe Abnahmebeauftragte kann eine separate Bescheinigung erstellen, der die des Herstellers beigefügt ist. Eine solche Verfahrensweise sollte bei der Bestellung vereinbart werden, da die Norm die Form und den Aussteller eines Abnahmeprüfzeugnisses 3.2 offenlässt.

Ist ein Abnahmeprüfzeugnis 3.2 ohne die Bestätigung durch den Abnahmebeauftragten des Herstellers gültig?

Nein, 4.2 der DIN EN 10204 [1] fordert ausdrücklich die Bestätigung durch den Abnahmebeauftragten des Herstellers.

Wie ist die Verfahrensweise, wenn Erzeugnisse mit Abnahmeprüfzeugnis 3.1 nach einer anschließenden Weiterverarbeitung unter Beteiligung eines externen Abnahmebeauftragten geprüft werden müssen?

Bei der Weiterverarbeitung z. B. von Blechen, die mit Abnahmeprüfzeugnis 3.1 geliefert wurden, zu Rohren ist der Umformer als Hersteller der Rohre zu betrachten, da er die in der Erzeugnisspezifikation für die Rohre festgelegten Eigenschaften einstellt. Damit ist der Rohrhersteller die herstellerseitig zuständige Partei für die Bestätigung des Abnahmeprüfzeugnisses 3.2 für die Rohre.

Für dieses Abnahmeprüfzeugnis 3.2 für das Rohr gelten grundsätzlich die Festlegungen von DIN EN 10204 [1] (siehe auch Fragen 2.2 und 2.3), unabhängig davon, ob für das Vormaterial (Blech) bereits ein Abnahmeprüfzeugnis 3.1 erstellt wurde. Sollen in das Abnahmeprüfzeugnis 3.2 für das Rohr spezifische Prüfergebnisse für nicht veränderte Eigenschaften aus dem Abnahmeprüfzeugnis 3.1 des Vormaterialherstellers (Blech) übernommen werden (z. B. Schmelzenanalyse), müssen Verfahren zur Sicherstellung der Rückverfolgbarkeit angewendet werden.

Ist DIN EN 10204 [1] auch für die Bestätigung der Ergebnisse von Funktionsprüfungen anwendbar?

Ja, wobei die Prüfspezifikation zwischen Hersteller und Besteller zu vereinbaren ist.

Wie lange können noch Abnahmeprüfzeugnisse 3.1.A und 3.1.C nach DIN EN 10204:1995 bestellt werden?

Die Parteien eines Kaufvertrages können beliebig lange die Anwendung der DIN EN 10204:1995 **Fehler! Verweisquelle konnte nicht gefunden werden.** und die dort festgelegten Bescheinigungen vereinbaren. In diesem Fall muss aber die Ausgabe 1995 zitiert werden. Es sollte jedoch im Einzelfall geprüft werden, ob einer vertraglichen Vereinbarung nicht Festlegungen in anzuwendenden Regelwerken entgegenstehen.

Enthalten Prüfbescheinigungen nach DIN EN 10204 [1] „zugesicherte Eigenschaften"?

Nein, Angaben in Prüfbescheinigungen sind weder „zugesichert" noch garantiert, sondern bestätigen, dass das Erzeugnis der Bestellung entspricht (siehe auch 3.3.2 „Haftung auf Erfüllung und Schadenersatz").

Ersetzt eine mitgelieferte Prüfbescheinigung die Wareneingangskontrolle durch den Besteller/Empfänger?

Nein, denn das Handelsgesetzbuch entbindet den Käufer auch bei der Mitlieferung von Prüfbescheinigungen nicht von der Durchführung zumutbarer Prüfungen an der gelieferten Ware. Ob und inwieweit die Prüfung von Merkmalen, für die in Prüfbescheinigungen bereits Prüfergebnisse bestätigt wurden, für den Käufer zumutbar ist, ist sicher fallweise zu beurteilen. Dabei sollte auch die Art der Prüfbescheinigung, d. h. 2.2 auf der Grundlage nichtspezifischer oder 3.1 bzw. 3.2 auf der Grundlage spezifischer Prüfungen, Berücksichtigung finden (siehe auch 3.4 „Prüfbescheinigungen und handelsrechtliche Untersuchungs- und Anzeigepflichten").

6.3 Nichtspezifische/spezifische Prüfungen

Sind bei nichtspezifischer Prüfung die Prüfverfahren durch den Hersteller frei wählbar?

Nein, siehe auch 2.1 der DIN EN 10204 [1]. Es müssen die in den Erzeugnisspezifikationen festgelegten Prüfverfahren angewandt werden.

Darf ein Verarbeiter Ergebnisse nichtspezifischer Prüfungen aus Prüfbescheinigungen des Herstellers in seine Bescheinigung über spezifische Prüfungen übernehmen?

Nein, siehe 4.2 der DIN EN 10204 [1]. Wenn spezifische Prüfergebnisse gefordert werden, diese vom Hersteller jedoch nicht geliefert wurden, so müssen sie vom Hersteller nachgefordert werden.

6.4 Händler

Darf ein Händler eigene Prüfbescheinigungen ausstellen, wenn er keine eigenschaftsverändernden Arbeitsschritte an den Erzeugnissen vornimmt?

Nein, siehe Abschnitt 6 von DIN EN 10204 [1]. Die Norm sieht für diesen Fall ausschließlich die Weitergabe von Originalen oder Kopien der Prüfbescheinigungen des Herstellers vor.

Darf ein Händler Prüfbescheinigungen ausstellen, wenn er eigenschaftsverändernde Verarbeitungsschritte vornimmt?

Ja, in diesem Fall ist er „Hersteller" im Sinne der DIN EN 10204 [1] für die betreffenden Eigenschaften. Nur über diese Eigenschaften darf er eine Prüfbescheinigung ausstellen. Die anderen unveränderten Eigenschaften muss er durch entsprechende Vorbescheinigungen dokumentieren.

Darf ein Händler anstelle einer Kopie der Prüfbescheinigung des Herstellers auch eine Abschrift an seine Kunden weiterreichen?

Nein, Abschnitt 6 von DIN EN 10204 [1] spricht nur von Kopien.

Wenn eine Abschrift wegen der Vertragsfreiheit dennoch vereinbart ist (z. B. durch die Klausel „Abnahmeprüfzeugnis 3.1 in Abschrift"), muss sie als vollständige Abschrift vom Händler bestätigt sein. Das Original der Prüfbescheinigung muss zur Einsichtnahme verfügbar sein.

6.5 Literaturhinweise

[1] DIN EN 10204:2005, Metallische Erzeugnisse – Arten von Prüfbescheinigungen

[2] DIN EN 10021, Allgemeine technische Lieferbedingungen für Stahlerzeugnisse

[3] DIN EN 10204:1995, Metallische Erzeugnisse – Arten von Prüfbescheinigungen (enthält Änderung A1:1995)

DIN EN 10204:2005-01 Metallische Erzeugnisse – Arten von Prüfbescheinigungen

Januar 2005

DIN EN 10204

ICS 01.110; 77.140.01; 77.150.01

Ersatz für
DIN EN 10204:1995-08

Metallische Erzeugnisse – Arten von Prüfbescheinigungen; Deutsche Fassung EN 10204:2004

Metallic products –
Types of inspection documents;
German version EN 10204:2004

Produits métalliques –
Types de documents de contrôle;
Version allemande EN 10204:2004

Gesamtumfang 11 Seiten

Normenausschuss Materialprüfung (NMP) im DIN
Normenausschuss Eisen und Stahl (FES) im DIN
Normenausschuss Nichteisenmetalle (FNNE) im DIN

DIN EN 10204:2005-01

Nationales Vorwort

Die Überarbeitung der Europäischen Norm EN 10204 wurde im Technischen Komitee ECISS/TC 9 „Technische Lieferbedingungen und Qualitätssicherung" (Sekretariat: Belgien) unter intensiver Mitwirkung der Normenausschüsse Materialprüfung (NMP) und Eisen und Stahl (FES) vorgenommen.

Das zuständige deutsche Normungsgremium ist der Arbeitsausschuss NMP 892 „Probenahme; Abnahme" des Normenausschusses Materialprüfung (NMP).

Für die Anwendung der Norm gibt der Arbeitsausschuss NMP 892 folgenden Hinweis:

Ausführliche Erläuterungen zur Anwendung der Norm sind in einem Beuth-Kommentar mit dem Titel „Beuth-Kommentar — Prüfbescheinigungen — Kommentare zu DIN EN 10204" zusammengestellt. Schwerpunkte dieser Veröffentlichung sind:

— Prüfbescheinigungen im Überblick, Grundsätze für die Anwendung der Norm;

— Prüfbescheinigungen aus der Sicht des Herstellers;

— Rechtliche Aspekte von Prüfbescheinigungen;

— Prüfbescheinigungen im Online-Datenaustausch.

Zu beziehen über den Beuth Verlag GmbH, 10772 Berlin (Hausanschrift: Burggrafenstraße 6, 10787 Berlin) ISBN 3-410-15905-3.

Änderungen

Gegenüber DIN EN 10204:1995-08 wurden folgende Änderungen vorgenommen:

a) Einführung neuer Begriffe „Hersteller", „Händler" und „Erzeugnisspezifikation";

b) Verringerung der Anzahl von Prüfbescheinigungen;

   — Streichung des Werkszeugnisses 2.3 der früheren Ausgabe;
   — Abnahmeprüfzeugnis 3.1 ersetzt 3.1.B der früheren Ausgabe;
   — Abnahmeprüfzeugnis 3.2 ersetzt 3.1.A, 3.1.C und 3.2 der früheren Ausgabe;

c) Änderung der deutschen Bezeichnung „Sachverständiger" in „Abnahmebeauftragter".

Frühere Ausgaben

DIN 50049: 1951-12, 1955-04, 1960-04, 1972-07, 1982-07, 1986-08, 1991-11, 1992-04
DIN EN 10204: 1995-08

EUROPÄISCHE NORM

EUROPEAN STANDARD

NORME EUROPÉENNE

EN 10204

Oktober 2004

ICS 01.110; 77.080.01; 77.120.01

Ersatz für EN 10204:1991

Deutsche Fassung

Metallische Erzeugnisse
Arten von Prüfbescheinigungen

Metallic products —
Types of inspection documents

Produits métalliques —
Types de documents de contrôle

Diese Europäische Norm wurde vom CEN am 8. August 2004 angenommen.

EUROPÄISCHES KOMITEE FÜR NORMUNG
EUROPEAN COMMITTEE FOR STANDARDIZATION
COMITÉ EUROPÉEN DE NORMALISATION

Management-Zentrum: rue de Stassart, 36 B-1050 Brüssel

Ref. Nr. EN 10204:2004 D

Inhalt

Vorwort

Dieses Dokument EN 10204:2004 wurde vom Technischen Komitee ECISS/TC 9 „Technische Lieferbedingungen und Qualitätssicherung" erarbeitet, dessen Sekretariat vom IBN gehalten wird.

Diese Europäische Norm muss den Status einer nationalen Norm erhalten, entweder durch Veröffentlichung eines identischen Textes oder durch Anerkennung bis April 2005, und etwaige entgegenstehende nationale Normen müssen bis April 2005 zurückgezogen werden.

Dieses Dokument ersetzt EN 10204:1991.

Diese Europäische Norm ist durch die Europäische Kommission und die Europäische Freihandelsorganisation mandatiert und unterstützt grundlegende Anforderungen der EU-Direktive 97/23/EG.

Die Beziehungen zur EU-Direktive 97/23/EG sind im informativen Anhang ZA dieser Norm angegeben.

Die wichtigsten Änderungen sind:

— Einführung neuer Begriffe „Hersteller", „Händler" und „Erzeugnisspezifikation";

— Verringerung der Anzahl von Prüfbescheinigungen;

  — Streichung des Werkszeugnisses 2.3 der früheren Ausgabe;
  — Abnahmeprüfzeugnis 3.1 ersetzt 3.1.B der früheren Ausgabe;
  — Abnahmeprüfzeugnis 3.2 ersetzt 3.1.A, 3.1.C und 3.2 der früheren Ausgabe.

Entsprechend der CEN/CENELEC-Geschäftsordnung sind die nationalen Normungsinstitute der folgenden Länder gehalten, diese Europäische Norm zu übernehmen: Belgien, Dänemark, Deutschland, Estland, Finnland, Frankreich, Griechenland, Irland, Island, Italien, Lettland, Litauen, Luxemburg, Malta, Niederlande, Norwegen, Österreich, Polen, Portugal, Schweden, Schweiz, Slowakei, Slowenien, Spanien, Tschechische Republik, Ungarn, Vereinigtes Königreich und Zypern.

EN 10204:2004 (D)

1 Anwendungsbereich

1.1. In diesem Dokument sind die verschiedenen Arten von Prüfbescheinigungen festgelegt, die dem Besteller in Übereinstimmung mit den Vereinbarungen bei der Bestellung für die Lieferung von allen metallischen Erzeugnissen, wie z. B. Blechen, Feinblechen, Stangen, Schmiedestücken, Gussstücken, zur Verfügung gestellt werden können, unabhängig von der Art ihrer Herstellung.

1.2 Dieses Dokument darf auch für nichtmetallische Erzeugnisse angewendet werden.

1.3 Dieses Dokument ist zusammen mit den Erzeugnisspezifikationen anzuwenden, in denen die technischen Lieferbedingungen für die Erzeugnisse festgelegt sind.

ANMERKUNG 1 Informationen über den möglichen Inhalt von Prüfbescheinigungen können aus entsprechenden Dokumenten entnommen werden, z. B. EN 10168 für Stahl.

ANMERKUNG 2 Anhang A gibt eine Übersicht über die verschiedenen Prüfbescheinigungen.

2 Begriffe

Für die Anwendung dieses Dokumentes gelten die folgenden Begriffe:

2.1
nichtspezifische Prüfung
vom Hersteller nach ihm geeignet erscheinenden Verfahren durchgeführte Prüfungen, durch die ermittelt werden soll, ob Erzeugnisse, die nach der gleichen Erzeugnisspezifikation und nach dem gleichen Verfahren hergestellt worden sind, die in der Bestellung festgelegten Anforderungen erfüllen

Die geprüften Erzeugnisse müssen nicht notwendigerweise aus der Lieferung selbst stammen.

2.2
spezifische Prüfung
Prüfungen, die vor der Lieferung entsprechend der Erzeugnisspezifikation an den zu liefernden Erzeugnissen oder an Prüfeinheiten, von denen diese ein Teil sind, durchgeführt werden, um festzustellen, ob die Erzeugnisse die in der Bestellung festgelegten Anforderungen erfüllen

2.3
Hersteller
Organisation, die die jeweiligen Erzeugnisse entsprechend den Anforderungen der Bestellung mit den Eigenschaften entsprechend der Erzeugnisspezifikation herstellt

2.4
Händler
Organisation, die Erzeugnisse von einem Hersteller erhält und diese ohne weitere Bearbeitung weitergibt oder, wenn bearbeitet, ohne Veränderung der in der Bestellung und in der der Bestellung zugrunde liegenden Erzeugnisspezifikation festgelegten Eigenschaften

2.5
Erzeugnisspezifikation
Gesamtheit der für den Auftrag zutreffenden technischen Anforderungen, festgelegt im Auftrag selbst und/oder durch Bezugnahme auf z. B. Regelwerke, Normen und andere Spezifikationen

3 Prüfbescheinigungen auf der Grundlage nichtspezifischer Prüfung

3.1 Werksbescheinigung „2.1“

Bescheinigung, in der der Hersteller bestätigt, dass die gelieferten Erzeugnisse den Anforderungen der Bestellung entsprechen, ohne Angabe von Prüfergebnissen.

3.2 Werkszeugnis „2.2“

Bescheinigung, in welcher der Hersteller bestätigt, dass die gelieferten Erzeugnisse den Anforderungen der Bestellung entsprechen, mit Angabe von Ergebnissen nichtspezifischer Prüfungen.

4 Prüfbescheinigungen auf der Grundlage spezifischer Prüfung

4.1 Abnahmeprüfzeugnis „3.1“

Bescheinigung, herausgegeben vom Hersteller, in der er bestätigt, dass die gelieferten Erzeugnisse die in der Bestellung festgelegten Anforderungen erfüllen, mit Angabe der Prüfergebnisse.

Die Prüfeinheit und die Durchführung der Prüfung sind in der Erzeugnisspezifikation, den amtlichen Vorschriften und Technischen Regeln und/oder der Bestellung festgelegt.

Die Bescheinigung wird bestätigt von einem von der Fertigungsabteilung unabhängigen Abnahmebeauftragten des Herstellers.

Ein Hersteller darf in das Abnahmeprüfzeugnis 3.1 Prüfergebnisse übernehmen, die auf der Grundlage spezifischer Prüfung des von ihm verwendeten Vormaterials bzw. der Vorerzeugnisse ermittelt wurden unter der Voraussetzung, dass er Verfahren zur Sicherstellung der Rückverfolgbarkeit anwendet und die entsprechende Prüfbescheinigung vorlegen kann.

4.2 Abnahmeprüfzeugnis „3.2“

Bescheinigung, in der sowohl von einem von der Fertigungsabteilung unabhängigen Abnahmebeauftragten des Herstellers als auch von dem Abnahmebeauftragten des Bestellers oder dem in den amtlichen Vorschriften genannten Abnahmebeauftragten bestätigt wird, dass die gelieferten Erzeugnisse die in der Bestellung festgelegten Anforderungen erfüllen, mit Angabe der Prüfergebnisse.

Ein Hersteller darf in das Abnahmeprüfzeugnis 3.2 Prüfergebnisse übernehmen, die auf der Grundlage spezifischer Prüfung des von ihm verwendeten Vormaterials bzw. der Vorerzeugnisse ermittelt wurden unter der Voraussetzung, dass er Verfahren zur Sicherstellung der Rückverfolgbarkeit anwendet und die entsprechende Prüfbescheinigung vorlegen kann.

5 Bestätigung und Weitergabe der Prüfbescheinigungen

Die Prüfbescheinigungen müssen von der (den) verantwortlichen Person (Personen) bestätigt sein (Name und Dienststellung).

Die Aufbewahrung und Weitergabe von Prüfbescheinigungen müssen entweder auf elektronischem Wege oder in Papierform erfolgen.

6 Weitergabe von Prüfbescheinigungen durch einen Händler

Ein Händler darf nur Originale oder Kopien der vom Hersteller gelieferten Prüfbescheinigungen ohne irgendeine Veränderung weitergeben. Diesen Bescheinigungen muss ein geeignetes Mittel zur Identifizierung des Erzeugnisses beigefügt werden, damit die eindeutige Zuordnung von Erzeugnis und Bescheinigung sichergestellt ist.

Kopien der Originalbescheinigung sind zulässig unter der Voraussetzung, dass

— Verfahren zur Sicherstellung der Rückverfolgbarkeit angewendet werden,

— die Originalbescheinigung auf Anforderung verfügbar ist.

Wenn Kopien hergestellt werden, ist es zulässig, die Angabe der ursprünglichen Liefermenge durch die aktuelle Teilmenge zu ersetzen.

Anhang A
(informativ)

Zusammenstellung der Prüfbescheinigungen

Eine Zusammenstellung der Prüfbescheinigungen ist in Tabelle A.1 angegeben.

Tabelle A.1 — Zusammenstellung der Prüfbescheinigungen

Bezeichnung der Prüfbescheinigungen nach EN 10204				Inhalt der Bescheinigung	Bestätigung der Bescheinigung durch
Art	**Deutsch**	**Englisch**	**Französisch**		
2.1	Werksbescheinigung	Declaration of compliance with the order	Attestation de conformité à la commande	Bestätigung der Übereinstimmung mit der Bestellung	den Hersteller
2.2	Werkszeugnis	Test report	Relevé de contrôle	Bestätigung der Übereinstimmung mit der Bestellung unter Angabe von Ergebnissen nichtspezifischer Prüfung	den Hersteller
3.1	Abnahmeprüfzeugnis 3.1	Inspection certificate 3.1	Certificat de reception 3.1	Bestätigung der Übereinstimmung mit der Bestellung unter Angabe von Ergebnissen spezifischer Prüfung	den von der Fertigungsabteilung unabhängigen Abnahmebeauftragten des Herstellers
3.2	Abnahmeprüfzeugnis 3.2	Inspection certificate 3.2	Certificat de reception 3.2	Bestätigung der Übereinstimmung mit der Bestellung unter Angabe von Ergebnissen spezifischer Prüfung	den von der Fertigungsabteilung unabhängigen Abnahmebeauftragten des Herstellers und den vom Besteller beauftragten Abnahmebeauftragten oder den in den amtlichen Vorschriften genannten Abnahmebeauftragten

Anhang ZA
(informativ)
Die Beziehung zwischen dieser Europäischen Norm und den grundlegenden Anforderungen der EU-Direktive 97/23/EG

Diese Europäische Norm ist vorbereitet worden durch ein Mandat der Europäischen Kommission an CEN, um die grundlegenden Anforderungen der EU-Direktive 97/23/EG des Europäischen Parlaments und EU-Rates vom 29. Mai 1997 über die Angleichung der Rechtsvorschriften der Mitgliedstaaten bezüglich Druckgeräte zu erfüllen.

Sobald diese Norm unter dieser Direktive im Amtsblatt der Europäischen Union angegeben und als nationale Norm in mindestens einem Mitgliedstaat eingeführt ist, in Übereinstimmung mit den in der Tabelle ZA.1 angegebenen Abschnitten dieser Norm und innerhalb der Grenzen des Anwendungsbereichs dieser Norm, ist die Übereinstimmung mit den entsprechenden grundlegenden Anforderungen dieser Direktive und zugehörigen EFTA-Vorschriften erfüllt.

Tabelle ZA.1 — Übereinstimmung zwischen dieser Europäischen Norm und der Direktive 97/23/EG

Abschnitte dieser EN	Grundlegende Anforderungen der Direktive 97/23/EG	Ausführungen/Anmerkungen
3 und 4	Anhang I Abschnitt 4.3	Die Anwendung der Prüfbescheinigungen für verschiedene Arten von Werkstoffen für Druckgeräte ist in Bild ZA.1 angegeben. ANMERKUNG Die Begriffe „Bescheinigung mit spezifischer Prüfung der Produkte“ der Direktive 97/23/EG und „Prüfbescheinigung auf der Grundlage spezifischer Prüfung“ dieser Norm sind äquivalent.

WARNUNG — Andere Anforderungen und EU-Direktiven können auch für Erzeugnisse angewandt werden, die den Anwendungsbereich dieser Europäischen Norm betreffen.

EN 10204:2004 (D)

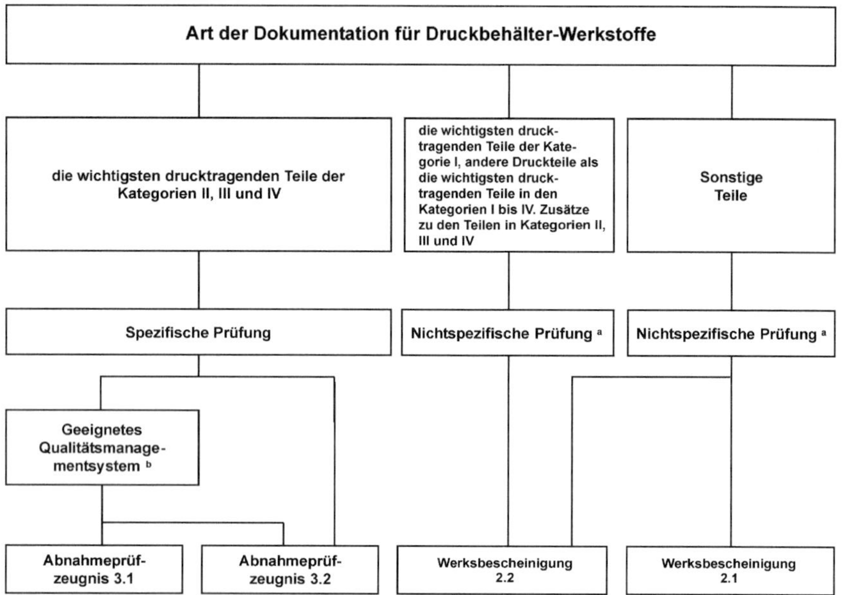

[a] Nichtspezifische Prüfung darf durch eine spezifische Prüfung in Übereinstimmung mit der Werkstoffnorm oder der Bestellung ersetzt werden.

[b] Qualitätsmanagementsystem des Werkstoffherstellers, das in Bezug auf die Werkstoffe einer spezifischen Bewertung unterzogen wurde, zertifiziert durch eine in der Gemeinschaft niedergelassene zuständige Stelle.

Bild ZA.1 — Übereinstimmung mit Anhang I Unterabschnitt 4.3 der Direktive 97/23/EG

Literaturhinweise

[1] EN 10168, *Stahlerzeugnisse — Prüfbescheinigungen — Liste und Beschreibung der Angaben.*

DIN EN 10168:2004-09 Stahlerzeugnisse – Prüfbescheinigungen – Liste und Beschreibung der Angaben

September 2004

DIN EN 10168

ICS 01.110; 77.080.20; 77.140.01

Stahlerzeugnisse – Prüfbescheinigungen – Liste und Beschreibung der Angaben; Deutsche Fassung EN 10168:2004

Steel products –
Inspection documents –
List of information and description;
German version EN 10168:2004

Produits en acier –
Documents de contrôle –
Liste et description des informations;
Version allemande EN 10168:2004

Gesamtumfang 14 Seiten

Normenausschuss Eisen und Stahl (FES) im DIN
Normenausschuss Materialprüfung (NMP) im DIN

DIN EN 10168:2004-09

Die Europäische Norm EN 10168:2004 hat den Status einer Deutschen Norm.

Nationales Vorwort

Die Europäische Norm EN 10168:2004 wurde vom Technischen Komitee ECISS/TC 9 „Technische Lieferbedingungen und Qualitätssicherung" (Sekretariat: Belgien) des Europäischen Komitees für Eisen- und Stahlnormung (ECISS) ausgearbeitet.

Das zuständige deutsche Normungsgremium ist der FES-Unterausschuss 19/2 „Allgemeine Lieferbedingungen und Probenahme" des Normenausschusses Eisen und Stahl (FES).

EUROPÄISCHE NORM

EUROPEAN STANDARD

NORME EUROPÉENNE

EN 10168

Juni 2004

ICS 01.110; 77.080.20; 77.140.01

Deutsche Fassung

Stahlerzeugnisse - Prüfbescheinigungen - Liste und Beschreibung der Angaben

Steel products - Inspection documents - List of information and description

Produits en acier - Documents de contrôle - Liste et description des informations

Diese Europäische Norm wurde vom CEN am 19. März 2004 angenommen.

Die CEN-Mitglieder sind gehalten, die CEN/CENELEC-Geschäftsordnung zu erfüllen, in der die Bedingungen festgelegt sind, unter denen dieser Europäischen Norm ohne jede Änderung der Status einer nationalen Norm zu geben ist. Auf dem letzten Stand befindliche Listen dieser nationalen Normen mit ihren bibliographischen Angaben sind beim Management-Zentrum oder bei jedem CEN-Mitglied auf Anfrage erhältlich.

Diese Europäische Norm besteht in drei offiziellen Fassungen (Deutsch, Englisch, Französisch). Eine Fassung in einer anderen Sprache, die von einem CEN-Mitglied in eigener Verantwortung durch Übersetzung in seine Landessprache gemacht und dem Management-Zentrum mitgeteilt worden ist, hat den gleichen Status wie die offiziellen Fassungen.

CEN-Mitglieder sind die nationalen Normungsinstitute von Belgien, Dänemark, Deutschland, Estland, Finnland, Frankreich, Griechenland, Irland, Island, Italien, Lettland, Litauen, Luxemburg, Malta, den Niederlanden, Norwegen, Österreich, Polen, Portugal, Schweden, der Schweiz, der Slowakei, Slowenien, Spanien, der Tschechischen Republik, Ungarn, dem Vereinigten Königreich und Zypern.

EUROPÄISCHES KOMITEE FÜR NORMUNG
EUROPEAN COMMITTEE FOR STANDARDIZATION
COMITÉ EUROPÉEN DE NORMALISATION

Management-Zentrum: rue de Stassart, 36 B-1050 Brüssel

Ref. Nr. EN 10168:2004 D

Inhalt

Vorwort

Dieses Dokument (EN 10168:2004) wurde vom Technischen Komitee ECISS/TC 9 „Technische Lieferbedingungen und Qualitätssicherung" erarbeitet, dessen Sekretariat vom IBN gehalten wird.

Diese Europäische Norm muss den Status einer nationalen Norm erhalten, entweder durch Veröffentlichung eines identischen Textes oder durch Anerkennung bis Dezember 2004, und etwaige entgegenstehende nationale Normen müssen bis Dezember 2004 zurückgezogen werden.

Anhang A ist normativ.

Entsprechend der CEN/CENELEC-Geschäftsordnung sind die nationalen Normungsinstitute der folgenden Länder gehalten, diese Europäische Norm zu übernehmen: Belgien, Dänemark, Deutschland, Estland, Finnland, Frankreich, Griechenland, Irland, Island, Italien, Lettland, Litauen, Luxemburg, Malta, Niederlande, Norwegen, Österreich, Polen, Portugal, Schweden, Schweiz, Slowakei, Slowenien, Spanien, Tschechische Republik, Ungarn, Vereinigtes Königreich und Zypern.

1 Anwendungsbereich

Diese Europäische Norm erfasst die Angaben, die in den in EN 10204 beschriebenen Prüfbescheinigungen für Stahlerzeugnisse enthalten sein können.

Zweck dieser Europäischen Norm ist es, durch die Festlegung genormter Bezeichnungen und Definitionen von für Prüfbescheinigungen in Frage kommenden Angaben und durch die Einführung von Kennnummern für jede derartige Bezeichnung zur Beseitigung von Verständigungsschwierigkeiten im europäischen Handel beizutragen.

ANMERKUNG Diese Bezeichnungen dürfen auch in Lieferbescheinigungen verwendet werden.

2 Normative Verweisungen

Diese Europäische Norm enthält durch datierte oder undatierte Verweisungen Festlegungen aus anderen Publikationen. Diese normativen Verweisungen sind an den jeweiligen Stellen im Text zitiert, und die Publikationen sind nachstehend aufgeführt. Bei datierten Verweisungen gehören spätere Änderungen oder Überarbeitungen dieser Publikationen nur zu dieser Europäischen Norm, falls sie durch Änderung oder Überarbeitung eingearbeitet sind. Bei undatierten Verweisungen gilt die letzte Ausgabe der in Bezug genommenen Publikation (einschließlich Änderungen).

EN 10204, *Metallische Erzeugnisse – Arten von Prüfbescheinigungen.*

3 Begriffe

Für die Anwendung dieser Europäischen Norm gelten die in EN 10204 angegebenen Begriffe.

4 Grundsätze

Alle in EN 10204 festgelegten Arten von Prüfbescheinigungen besitzen als gemeinsames Element Angabenblöcke, über die sie eindeutig den entsprechenden gelieferten Erzeugnissen zugeordnet werden können (siehe Tabelle 1, Angabenblöcke A und B).

Mit Ausnahme der Art 2.1 „Werksbescheinigung" enthalten alle Prüfbescheinigungen Angaben über durchgeführte nichtspezifische oder spezifische Prüfungen entsprechend der zugrunde liegenden Erzeugnisspezifikation (siehe Tabelle 1, Angabenblöcke C und D).

In allen Arten von Prüfbescheinigungen muss eine Angabe enthalten sein, dass die gelieferten Erzeugnisse mit den Bestellanforderungen übereinstimmen (siehe Tabelle 1, Angabenblock Z).

Die für die Ausstellung einer Prüfbescheinigung zuständige Stelle darf die Reihenfolge und das Layout der in Abschnitt 5 und den Tabellen 2 bis 5 erwähnten Angaben verändern. Sie darf auch – je nach Erzeugnis – nicht erforderliche Felder weglassen.

Die Kennnummer für die verschiedenen Felder in den Tabellen 2 bis 5 ist verbindlich. Andere Nummern dürfen nicht verwendet werden.

Die in den Tabellen 2 bis 5 aufgeführten Angabenbezeichnungen sollten in den betreffenden Feldern der Prüfbescheinigungen angegeben werden. Sie dürfen abgekürzt werden, wenn dadurch kein Missverständnis verursacht wird (Beispiel: „Richtung" statt „Probenrichtung").

Falls in einem Feld Platz für die erforderlichen Angaben fehlt, darf in dem betreffenden Feld auf einen Anhang oder ein Freifeld in der Prüfbescheinigung verwiesen werden. In diesem Falle müssen die Angaben in dem Anhang oder in dem Freifeld unter der betreffenden Kennnummer aufgeführt werden.

5 Beschreibung der Angaben

Die Prüfbescheinigungen enthalten die in Tabelle 1 aufgeführten Angabenblöcke. Innerhalb dieser Angabenblöcke wird unterschieden zwischen Angabenfeldern mit fest vergebenen Kennnummern und Angabenfeldern mit frei verfügbaren Kennnummern.

Die fest vergebenen Kennnummern sind in den Tabellen 2 bis 5, Spalte 1, aufgeführt. Die in der zweiten Spalte dieser Tabellen angegebenen Bezeichnungen beschreiben so genau wie möglich die in den betreffenden Feldern einzutragenden Angaben. Die dritte Spalte der Tabellen 2 bis 5 enthält Anmerkungen zur Erläuterung und zu Festlegungen des Zweckes der Felder.

Die nach Tabelle 1 und den Tabellen 2 bis 5 frei verfügbaren Kennnummern sind für zusätzliche Angaben durch den Aussteller der Bescheinigung verfügbar.

Tabelle 1 — Angabenblöcke und Übersicht über deren Unterteilung

Kurzzeichen	Angabenblöcke für	fest vergebene Felder	frei verfügbare Felder	siehe Tabelle
		von – bis	von – bis	
A	**Angaben zum Geschäftsvorgang und zu den daran Beteiligten**	A01 – A09	A10 – A99	2
B	**Beschreibung der Erzeugnisse**	B01 – B13	B14 – B99	3
C	**Prüfung** – Allgemeine Angaben – Zugversuch – Härteprüfung – Kerbschlagbiegeversuch – Sonstige mechanische Prüfungen – Chemische Zusammensetzung und Stahlherstellungsverfahren	 C00 – C03 C10 – C13 C30 – C32 C40 – C43 C70 – C92	 C04 – C09 C14 – C29 C33 – C39 C44 – C49 C50 – C69 C93 – C99	4
D	**Sonstige Prüfungen**	D01 – D50	D51 – D99	5
Z	**Bestätigung**	Z01 – Z04	Z05 – Z99	5

Tabelle 2 — Kennnummern und Bezeichnungen für die Felder des Angabenblocks A — Angaben zum Geschäftsvorgang und den daran Beteiligten

Kenn-nummer	Angabenbezeichnung	Erläuterungen
A01	Herstellerwerk	Name und Anschrift des Werkes, in dem die Erzeugnisse hergestellt worden sind.
A02	Art der Prüfbescheinigung	Wie in EN 10204 definiert.
A03	Bescheinigungsnummer	Vom Aussteller festgelegte Nummer der Bescheinigung. Falls die Bescheinigung aus mehreren Seiten besteht, kann dieser Bescheinigungsnummer eine Seitenzahl folgen.
A04	Zeichen des Herstellers	Zeichen zur Identifizierung des Herstellers, das anstelle des Herstellernamens bei der Kennzeichnung der Erzeugnisse verwendet wird.
A05	Aussteller der Prüfbescheinigung	Abnahmeorganisation oder die zuständige Abteilung des Herstellerwerkes.
A06	Besteller/Empfänger	Name und, falls angebracht, die Anschrift des Bestellers oder des Empfängers des Erzeugnisses oder des Empfängers der Bescheinigung. Um welche Anschrift es sich handelt, ist durch die Kennnummer A06.1, A06.2 bzw. A06.3 zu kennzeichnen.
A07	Kundenbestellnummer und gegebenenfalls Positionsnummer	Bestellnummer, Positionsnummer und, falls nötig, Datum.
A08	Werksauftragsnummer	Bestellnummer und, falls nötig, Datum oder Nummer der Auftragsbestätigung.
A09	Artikelnummer des Kunden	Referenznummer des Kunden für die zu liefernden Erzeugnisse. Diese Artikelnummer ist keine vom Besteller zum Zeitpunkt der Bestellung verbindlich anzugebende Information.
A10 bis A99	Ergänzende Angaben	Verfügbar für Angaben zum Geschäftsvorgang und den daran Beteiligten.

Tabelle 3 — Kennnummern und Bezeichnungen für die Felder des Angabenblocks B — Beschreibung der Erzeugnisse, für die die Prüfbescheinigungen gelten

Kenn-nummer	Angabenbezeichnung	Erläuterungen
B01	Erzeugnis	Die Erzeugnisform (z. B. Grobblech, Formstahl, Breitflachstahl, Rohr, Hohlprofil usw.) sowie gegebenenfalls deren Oberflächenausführung ist – soweit zutreffend, unter Bezugnahme auf eine entsprechende Maßnorm – anzugeben.
B02	Stahlbezeichnung	Stahl-Kurzname oder -Werkstoffnummer und Zusatzsymbole sowie Erzeugnisspezifikation für den Stahl.
B03	Zusätzliche Anforderungen	Bei der Bestellung vereinbarte Sonderanforderungen, die nicht in Feld B01 oder B02 erfasst sind.
B04	Lieferzustand	In der betreffenden Erzeugnisspezifikation festgelegter Lieferzustand der Erzeugnisse.
B05	Referenz(wärme)behandlung von Probenabschnitten	(Wärme-)Behandlung von Probenabschnitten, an denen Prüfungen zum Nachweis der mechanischen Eigenschaften durchzuführen sind. Dieses Feld kommt nur in Betracht, wenn der Behandlungszustand des Probenabschnittes vom Lieferzustand abweicht.
B06	Kennzeichnung des Erzeugnisses	Verfügbar für Angaben zur Kennzeichnung.
B07	Identifizierung des Erzeugnisses	Angaben für die Rückverfolgbarkeit der Erzeugnisse durch z. B. Schmelzennummer, Blocknummer, Walznummer, Losnummer, Prüfnummer.
B08	Stückzahl	Zahl der gelieferten Erzeugnisse (dies kann ein Verweis auf die Artikelnummer nach Feld A09 sein).
B09 bis B11	Maße des Erzeugnisses	Nennmaße des bestellten Erzeugnisses. Bei nicht genormten Erzeugnissen komplizierter Form ist z.B. zu schreiben: „entsprechend Zeichnung xyz". Die Zeichnung ist als Anhang der Bescheinigung beizufügen.
B12	Theoretische Masse	Aus den Nennmaßen des Erzeugnisses und einer festgelegten Dichte errechnete Masse.
B13	Ist-Masse	Zum Zeitpunkt der Lieferung, z. B. mittels Wägung, ermittelte Masse.
B14 bis B99	Ergänzende Angaben	Verfügbar für Angaben zur Beschreibung der Erzeugnisse (siehe Abschnitt 5, Absatz 3).

Tabelle 4 — Kennnummern und Bezeichnungen für die Felder des Angabenblocks C — Angaben zur Probenahme und Prüfung

Kenn-nummer	Angabenbezeichnung	Erläuterungen
	Allgemeine Angaben	
C00	Identifizierung des Probenabschnittes	Diese Angabe ist nur erforderlich, wenn sie von der Erzeugnisnummer (siehe B07) abweicht.
C01	Lage des Probenabschnittes	Die Stelle, an der der Probenabschnitt zu entnehmen ist, ist in der Erzeugnisspezifikation oder Bestellung festgelegt. Diese Angabe ist nur in folgenden Fällen erforderlich: – Die Erzeugnisspezifikation legt für die Prüfung mehrere Lagen fest. – Die Erzeugnisspezifikation bietet für die Prüfung die Wahl der Probenlage an. In diesen Fällen ist der Probenentnahmeort, z. B. durch seine Lage in Bezug zur Länge, Breite und/oder Dicke des Erzeugnisses oder bei geschweißten Rohren in Bezug auf Grundwerkstoff und Schweißnaht zu beschreiben.
C02	Probenrichtung	Festgelegt in der Erzeugnisspezifikation in Bezug zur Hauptverformungsrichtung, mitunter aber auch in Bezug zur Geometrie des Erzeugnisses. Folgende Kurzzeichen sind zu verwenden: – für Längsproben der Buchstabe L. – für Querproben der Buchstabe T. – für Proben in Dickenrichtung der Buchstabe Z. Falls Proben in Richtung der Diagonale entnommen worden sind, ist das besonders zu vermerken.
C03	Prüftemperatur	–
C04 bis C09	Ergänzende Angaben	Verfügbar für Angaben zu Prüfungen (siehe Abschnitt 5, Absatz 3).
	Zugversuch	
C10	Probenform	Im Allgemeinen in der Erzeugnisspezifikation festgelegt. Sofern Wahlmöglichkeiten bestehen, sind die Form des Probenquerschnittes und gegebenenfalls weitere Einzelheiten anzugeben.
C11	Streck- oder Dehngrenze	Angegeben in MPa.
C12	Zugfestigkeit	Angegeben in MPa.
C13	Bruchdehnung	Angegeben in %. Falls keine Proportionalproben verwendet werden oder falls bei Proportionalproben der Proportionalitätsfaktor ungleich 5,65 ist, ist im Kopf dieses Feldes die Messlänge mit anzugeben.
C14 bis C29	Ergänzende Angaben	Verfügbar für Angaben zum Zugversuch (siehe Abschnitt 5, Absatz 3).

Tabelle 4 (fortgesetzt)

Kenn-nummer	Angabenbezeichnung	Erläuterungen
	Härteprüfung	
C30	Prüfverfahren	Kurzzeichen für das angewendete Verfahren.
C31	Einzelwerte	Gemessene Härtewerte in den in der Erzeugnisspezifikation festgelegten Einheiten.
C32	Mittelwert	Mittel der Einzelwerte.
C33 bis C39	Ergänzende Angaben	Verfügbar für Angaben zur Härteprüfung (siehe Abschnitt 5, Absatz 3).
	Kerbschlagbiegeversuch	
C40	Probenform	Diese Angabe ist verbindlich.
C41	Probenbreite	Falls Untermaßproben verwendet werden, ist die tatsächliche Probenbreite anzugeben.
C42	Einzelwerte	Gemessene Einzelwerte in den in der Erzeugnisspezifikation festgelegten Einheiten.
C43	Mittelwert	Mittel der Einzelwerte.
C44 bis C49	Ergänzende Angaben	Verfügbar für Angaben zum Kerbschlagbiegeversuch (siehe Abschnitt 5, Absatz 3).
	Sonstige mechanische Prüfungen	
C50 bis C69	Ergänzende Angaben	Verfügbar für Angaben zu sonstigen mechanischen Prüfungen (siehe Abschnitt 5, Absatz 3).
	Chemische Zusammensetzung und Stahlherstellungsverfahren	
C70	Stahlherstellungsverfahren	Angabe des Stahlherstellungsverfahrens.
C71 bis C92	Chemische Zusammensetzung	Hier sind nur die Gehalte der Elemente aufzuführen, für die die Erzeugnisspezifikation Anforderungen vorschreibt. Die Kurzzeichen für die betreffenden Elemente sind in den Spaltenköpfen anzugeben. Bei Stückanalysen sind zusätzlich zur Schmelzennummer die Erzeugnisnummer bzw. die Probennummer (siehe B07 bzw. C00) mit anzugeben.
C93 bis C99	Ergänzende Angaben	Verfügbar für Angaben zur chemischen Zusammensetzung (siehe Abschnitt 5, Absatz 3).

Tabelle 5 — Kennnummern und Bezeichnungen für die Felder der Angabenblöcke D — Angaben zu weiteren Prüfungen – und Z – Bestätigung –

Kenn-nummer	Angabenbezeichnung	Erläuterungen
	Prüfungen am Erzeugnis	
D01	Kennzeichnung, Identifizierung, Oberfläche, Form und Maße	Angabe, dass die Prüfung durchgeführt wurde und die Ergebnisse den Anforderungen entsprachen.
D02 bis D50	Zerstörungsfreie Prüfungen	Betrifft zerstörungsfreie Prüfungen, z. B. Eindringprüfung, Magnetpulverprüfung. Angabe, dass die Prüfung durchgeführt wurde und die Ergebnisse den Anforderungen entsprachen.
D51 bis D99	Andere Prüfungen am Erzeugnis	Verfügbar für Angaben für sonstige Prüfungen am Erzeugnis (siehe Abschnitt 5, Absatz 3). Angabe, dass die Prüfung durchgeführt wurde und die Ergebnisse den Anforderungen entsprachen.
	Bestätigung	
Z01	Konformitätserklärung	Erklärung des Herstellers, dass das Erzeugnis der Bestellung entspricht.
Z02	Datum der Ausstellung und Bestätigung	Identifizierung der Person(en), die entsprechend EN 10204 für die Bestätigung der Prüfbescheinigung autorisiert ist (sind).
Z03	Stempel des (der) Abnahmebeauftragten	–
Z04	CE-Zeichen	Verfügbar für Angaben zur CE-Kennzeichnung.
Z05 bis Z99	Ergänzende Angaben	Verfügbar für Angaben über sonstige Bestätigungen (siehe Abschnitt 5, Absatz 3).

Anhang A
(normativ)

Liste der Angabenbezeichnungen und ihrer Übersetzungen

Kenn-nummer	Angabenbezeichnung		
	Deutsch	Englisch	Französisch
A01	Herstellerwerk	Manufacturer's works	Usine productrice
A02	Art der Prüfbescheinigung	Type of inspection document	Type de document de contrôle
A03	Bescheinigungsnummer	Document number	Numéro de document
A04	Zeichen des Herstellers	Manufacturer's mark	Marque du producteur
A05	Aussteller der Bescheinigung	Originator of the document	Auteur du document
A06	Besteller/Empfänger	Purchaser/consignee	Acheteur/destinataire
A07	Kundenbestellnummer und gegebenenfalls Positionsnummer	Purchaser order number, and where applicable, item number	Numéro de la commande du client et numéro du poste de commande si applicable
A08	Werksauftragsnummer	Manufacturer's works order number	Numéro de la commande de l'usine productrice
A09	Artikelnummer des Kunden	Purchaser article number	Numéro d'article du client
A10 bis A99	Ergänzende Angaben	Supplementary information	Informations complémentaires
B01	Erzeugnis	Product	Produit
B02	Stahlbezeichnung	Steel designation	Désignation de l'acier
B03	Zusätzliche Anforderungen	Any supplemantary requirements	Prescriptions supplémentaires
B04	Lieferzustand des Erzeugnisses	Product delivery condition	Etat de livraison du produit
B05	Referenz(wärme)behandlung von Probenabschnitten	Reference (heat) treatment of samples	Traitement (thermique) de référence des échantillons
B06	Kennzeichnung des Erzeugnisses	Marking of the product	Marquage du produit
B07	Identifizierung des Erzeugnisses	Identification of the product	Identification du produit
B08	Stückzahl	Number of pieces	Nombre de pièces
B09 bis B11	Maße des Erzeugnisses	Product dimensions	Dimensions du produit
B12	Theoretische Masse	Theoretical mass	Masse théorique
B13	Ist-Masse	Actual mass	Masse effective
B14 bis B99	Ergänzende Angaben	Supplementary information	Informations complémentaires
C00	Identifizierung des Probenabschnittes	Identification of the sample	Identification de l'échantillon
C01	Lage des Probenabschnittes	Location of the sample	Emplacement du prélèvement des éprouvettes
C02	Probenrichtung	Direction of the test piece	Orientation de l'éprouvette
C03	Prüftemperatur	Test temperature	Température d'essai
C04 bis C09	Ergänzende Angaben	Supplementary information	Informations complémentaires

EN 10168:2004 (D)

(fortgesetzt)

Kenn-nummer	Angabenbezeichnung		
	Deutsch	Englisch	Französisch
C10	Probenform	Shape of the test piece	Forme de l'éprouvette
C11	Streck- oder Dehngrenze	Yield or proof strength	Limite apparente ou limite conventionelle d'élasticité
C12	Zugfestigkeit	Tensile strength	Résistance à la traction
C13	Bruchdehnung	Elongation after fracture	Allongement après rupture
C14 bis C29	Ergänzende Angaben	Supplementary information	Informations complémentaires
C30	Prüfverfahren	Method of test	Méthode d'essai
C31	Einzelwerte	Individual values	Valeurs individuelles
C32	Mittelwert	Mean value	Valeur moyenne
C33 bis C39	Ergänzende Angaben	Supplementary information	Informations complémentaires
C40	Probenform	Type of test piece	Type de l'éprouvette
C41	Probenbreite	Width of test piece	Largeur de l'éprouvette
C42	Einzelwerte	Individual values	Valeurs individuelles
C43	Mittelwert	Mean value	Valeur moyenne
C44 bis C49	Ergänzende Angaben	Supplementary information	Informations complémentaires
C50 bis C69	Ergänzende Angaben	Supplementary information	Informations complémentaires
C70	Stahlherstellungsverfahren	Steelmaking process	Mode d'élaboration de l'acier
C71 bis C92	Chemische Zusammensetzung	Chemical composition	Composition chimique
C93 bis C99	Ergänzende Angaben	Supplementary information	Informations complémentaires
D01	Kennzeichnung, Identifizierung, Oberfläche, Form und Maße	Marking and identification, surface appearence, shape and dimensional properties	Marquage et identification, aspect de surface, forme et caractéristiques dimensionnelles
D02 bis D50	Zerstörungsfreie Prüfungen	Non-destructive tests	Essais non destructifs
D51 bis D99	Andere Prüfungen am Erzeugnis	Other product tests	Autres essais sur le produit
Z01	Konformitätserklärung	Statement of compliance	Déclaration de conformite
Z02	Datum der Ausstellung und Bestätigung	Date of issue and validation	Date d'émission et validation
Z03	Stempel des (der) Abnahmebeauf-tragten	Stamp of the inspection representative	Timbre du contrôleur
Z04	CE-Zeichen	CE marking	Marquage CE
Z05 bis Z99	Ergänzende Angaben	Supplementary information	Informations complémentaires